大手拉小手
一起学天文

张培华 著

北方联合出版传媒（集团）股份有限公司
辽宁少年儿童出版社
沈 阳

© 张培华 2019

图书在版编目（CIP）数据

大手拉小手. 一起学天文 / 张培华著. --沈阳：辽宁
少年儿童出版社，2019.4
（科普系列读本）
ISBN 978-7-5315-7800-0

Ⅰ. ①大… Ⅱ. ①张… Ⅲ. ①天文学—儿童读物
Ⅳ. ①N49 ②P1-49

中国版本图书馆 CIP 数据核字（2018）第 208329 号

出版发行：北方联合出版传媒（集团）股份有限公司
　　　　　辽宁少年儿童出版社
出 版 人：张国际
地　　址：沈阳市和平区十一纬路 25 号
邮　　编：110003
发行部电话：024-23284265　23284261
总编室电话：024-23284269
E-mail:lnsecbs@163.com
http://www.lnse.com
承 印 厂：辽宁新华印务有限公司

责任编辑：苏　萍　王天舒
责任校对：贺婷莉
封面设计：刘　睿
版式设计：刘　睿　姿　兰
责任印制：吕国刚

幅面尺寸：185 mm × 235 mm
印　　张：18.5　　　　字数：295 千字
插　　页：6
出版时间：2019 年 4 月第 1 版
印刷时间：2019 年 4 月第 1 次印刷
标准书号：ISBN 978-7-5315-7800-0
定　　价：42.00 元
版权所有　侵权必究

大手拉小手天文小社团

张老师：大手拉小手全国青少年天文科普发起人之一，社团指导老师。

暖暖：小小的眼镜大大的视界，用心聆听宇宙声音，喜欢仰望星空，爱奇思妙想的"00后"小天爱①。

轩轩：想象力丰富，一直在寻找新奇创意的小朋友。梦想是成为著名的星空摄影家。

茵茵：天文小迷妹，做着太空梦长大的"10后"北京小朋友，最大的梦想是成为宇航员。

欢迎大家加入天文社团

---

① 天爱：天文爱好者。

目　录
CONTENTS

第1节　星座的由来

夜空中，繁星点点。有的亮，有的暗；有的红，有的蓝；有的位置相对固定，有的在星空中不断游走……自古以来，人们就渴望了解它们，希望能够真正认识我们所在的这个世界。

图1.1　银河（江　珉　摄）

不知从何时起，人们开始关注星空，希望认识它们，读懂它们带来的信息。可是天上的星星太多了，在同一时间，人们大约可以看到3000颗星，而肉眼可见的星星总共有6000多颗。这么多的星星分布在夜空中，非常不利于辨认和记忆。不过，聪明的人类想出了一个好办法，让我们能够比较方便地认识和记住它们。你能想出好办法吗？

星空好美啊！我听说夜空中有很多星座，像"白羊座""金牛座"等。可是我怎么看不出来呀？

古人为了认星方便，将天空划分为若干区域，一个区域就是一个星座……

面对复杂的事物，可以将它们分解，把它们变成一个个相对简单的事物，再分别去认识它们。这是科学研究中一种常用的方法，也是人们在处理复杂问题时经常采用的方法。比如人们确实难以将几千颗星一起记住，但是将它们划分为若干个区域，再一个区域一个区域地去认识就容易多了。

我国很早就把天空分为三垣二十八宿，在《史记·天官书》中就有比较详细的记载。

三垣是北天极周围的3个区域，即紫微垣、太微垣、天市垣。

二十八宿是在黄道和白道附近的28个区域，每个方向有7个区域，每个区域就是一个星宿。

东方七宿是：角、亢、氐、房、心、尾、箕。

南方七宿是：井、鬼、柳、星、张、翼、轸。

西方七宿是：奎、娄、胃、昴、毕、觜、参。

北方七宿是：斗、牛、女、虚、危、室、壁。

无论是"垣"，还是"宿"，其实都是中国古人为了便于研究而划分出来的星座。

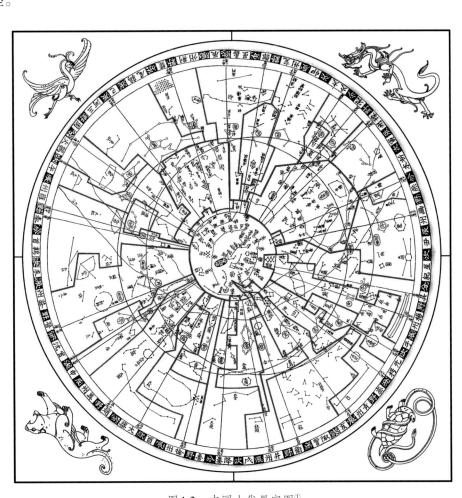

图1.2 中国古代星官图①

_____

① 从《步天歌》开始确立的天空三垣二十八宿分区，蓝色边界为三垣领域，红色为二十八宿各宿的领域。

西方星座起源于四大文明古国之一的古巴比伦。此后，古代巴比伦人继续将天空分为许多区域，而人们对星座的认识也在不断发展。后来古希腊天文学家对巴比伦的星座进行了补充和发展，编制出了古希腊星座表。公元2世纪，古希腊天文学家托勒密综合了当时的天文成就，编制了48个星座，并用假想的线条将星座内的主要亮星连起来，把它们想象成动物或人物的形象，他结合神话故事给它们起了名字，这就是西方星座名称的由来。希腊神话故事中的48个星座大都位于北方天空和赤道南北。

为什么中国古代和西方古代星座大都处于北方天空和赤道南北呢？

这是因为世界主要文明诞生于北半球中纬度地区，这里的人们只能观察到这部分星空。

一、星座划分

如果让你来划分星座，你会把下面图中的星空怎样划分呢？

图1.3　美丽的星空

　　星座的划分为人们认识星空带来了便利，但是由于不同文明和地区对星座的划分具有较大差异，不利于不同国家和地区关于星空问题的沟通和交流，因此，1930年，国际天文学联合会[①]（IAU）为了统一繁杂的星座划分，用精确的边界把天空分为88个正式的星座，使天空中的每一颗恒星都属于某一特定星座。这些正式的星座大多是以中世纪传下来的古希腊传统星座为基础的。

---

　　① 国际天文学联合会，英文全名International Astronomical Union，简称为IAU。

005

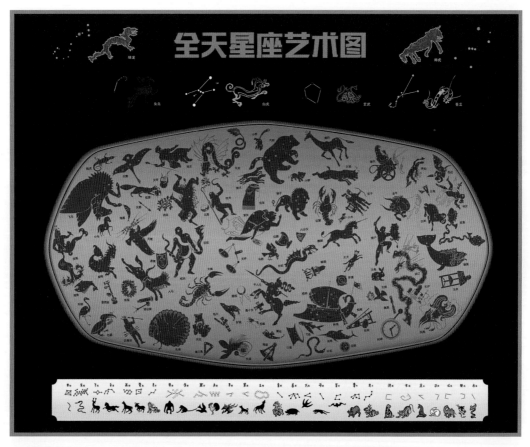

图1.4　全天星图（闵乃世　张一洁　李　鉴　绘制）

　　现在，虽然全世界对星座有了统一的认识，但还是有很多人对星座有误解。比如有些人认为一个星座内的星星彼此间的距离相对较近，而不同星座间的星星距离就很远。其实，这无非是因为我们观察角度的不同所造成的误解。如果一些星星比较接近我们观察的方向，那它们之间的距离就会相对较近。而如果换一个角度去看，星座就会完全变了一个模样。

　　比如著名的北斗七星，从我们的角度看，七颗星似乎是在一个平面上，但实际上这是一种错觉，七颗星各有其运动的规律，而且它们不是以平面的形式存在于太空之中。

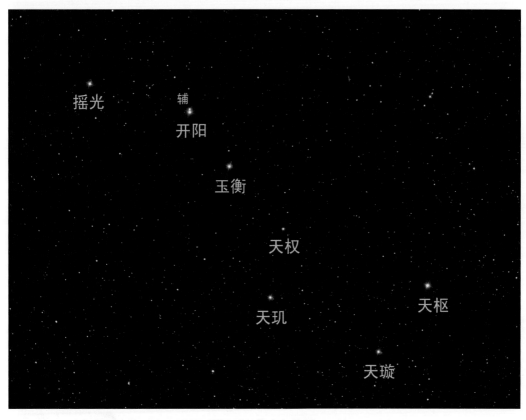

图 1.5　北斗七星图

　　北斗是由天枢、天璇、天玑、天权、玉衡、开阳、摇光七颗星组成，下面的数据是每颗星与我们的距离。

　　天枢：大熊座 α（天枢，贪狼星），距离约 124 光年；

　　天璇：大熊座 β（天璇，巨门星），距离约 79.4 光年；

　　天玑：大熊座 γ（天玑，禄存星），距离约 83.7 光年；

　　天权：大熊座 δ（天权，文曲星），距离约 81.4 光年；

　　玉衡：大熊座 ε（玉衡，廉贞星），距离约 80.9 光年；

　　开阳：大熊座 ζ（开阳，武曲星），距离约 78.2 光年；

　　摇光：大熊座 η（开阳增一，辅星，破军星），距离约 101 光年。

你能根据这些数据制作北斗七星的模型吗？比如用橡皮泥捏成的小球代表七颗星；再根据上面提供的数据确定这些小球相对于观察点的距离；然后用细线悬挂起这些小球并通过调节线的长短和位置使我们在观察点看它们形成北斗七星的样子。

图1.6 制作北斗七星模型（张益路 制作）

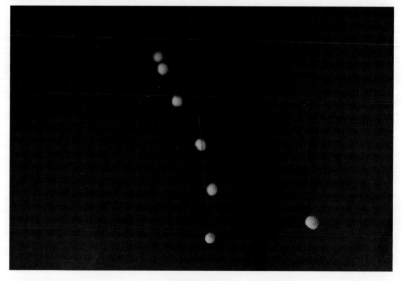

图1.7 变换角度观察北斗七星模型

张老师的课堂作业

模型做好后，变换不同角度观察，并把所看到的情形画下来。

二、黄道十二星座

在诸多星座中，人们最熟悉的恐怕就是黄道十二星座了。这缘于古代占星学，不过它并不是科学。古人发现，太阳和行星都在黄道和黄道附近运行，在这个区域，大体分布着12个星座（实为13个）[①]。古巴比伦人对这些星座进行了长期观测，测定出了黄道，又把黄道分成12等份，每份30度，称为1段。太阳在12个月内绕黄道运行1周，因此它在黄道上每月运行一段。在古人看来，太阳是阿波罗神，他休息的地方定然是金碧辉煌的宫殿，因此，他们就把黄道上的一段叫作一宫。这样，黄道上的12段便成了"黄道十二宫"。黄道十二宫的名称与黄道附近的12个星座类似，但它们并不完全相同。虽然星座区域大小不同，但十二宫是平均分的。一个人出生时，太阳运行到哪一宫，他就属于哪个星座。下面是出生日期与十二宫（星座）的对应关系。

白羊座——3月21日—4月19日

金牛座——4月20日—5月20日

双子座——5月21日—6月21日

巨蟹座——6月22日—7月22日

狮子座——7月23日—8月22日

处女座——8月23日—9月22日

---

① 按照现在国际统一划分标准，黄道上分布着13个星座，其中蛇夫座没有算在黄道十二宫之内。

天秤座——9月23日—10月23日

天蝎座——10月24日—11月22日

射手座——11月23日—12月21日

摩羯座——12月22日—1月19日

水瓶座——1月20日—2月18日

双鱼座——2月19日—3月20日

占星学所说的星座不同于天文学上的星座，例如3月23日出生的人属于白羊座，但是从天文学的角度讲，这一天太阳却是位于双鱼座的。所以无论是88星座还是黄道十二星座，都是人为划分的区域，占星学认为星座可以决定人的命运，是没有道理的。

第2节　秋季星空

9月是新学年的开始，在这个秋高气爽的季节，不仅有漫山遍野的红叶、傲骨迎寒的菊花，在晴朗的夜空中，还有著名的"王族"星座闪耀，构成了富有传奇色彩的秋季星空。

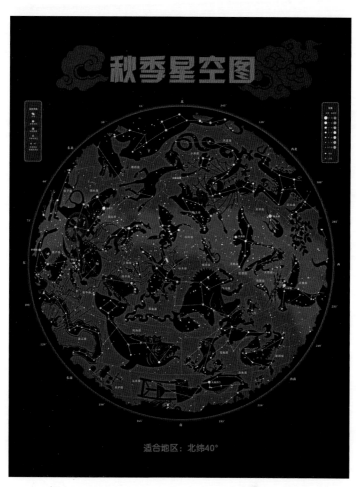

图2.1　秋季星空图（闵乃世　张一洁　曹　军　绘制）

秋季星空是只有秋季才能看到吗？"王族"星座指的是什么星座呢？

9月至11月为秋季，人们把10月中旬晚上八九点钟看到的星空作为秋季星空的代表。秋季星空中的主要星座的名称，都与一个"王族"的传说有关，所以被称作"王族"星座。

一、星座故事

传说在很久很久以前，古老的伊索比亚王国有一位善良的国王西裴斯和一位美丽的王后卡西奥佩亚。

他们还有一个美丽的女儿，就是公主安德罗美达。不过，王后卡西奥佩亚爱慕虚荣，又以美貌自负，常向人夸耀自己的女儿比海中仙女奈莉得更美丽。奈莉得是海神的女儿，她愤怒地向父亲海神波塞冬告状，海神波塞冬脾气暴躁，认为自己的女儿受到了侮辱，立刻派海怪去骚扰伊索比亚王国。海怪神通广大，普通人怎是对手？海怪掀起海啸破坏伊索比亚，王国危在旦夕。要拯救王国，唯一的办法是用年轻的公主做祭品，否则，还会有更大的灾难。于是国王只好下令，将公主用铁链绑在海边的礁石上。海怪走上了海岸，一步步靠近公主，它张开了血盆大口要把公主吞掉。

图2.2（1）　英仙救仙女

正在这时，天空中飞来一匹长了翅膀的马，马上坐着一名青年。他是宙斯的儿子珀尔休斯，他刚刚斩杀了蛇发女妖美杜莎，而他所骑的这匹飞马，是在他砍下女妖的头后，从女妖的脖子中飞出的。珀尔休斯看到妖怪要吃掉被捆绑的公主，立刻策马俯冲下来，挥剑与海怪搏斗。海怪凶猛无比，珀尔休斯一时难以取胜，他急中生智，从皮囊中掏出了女妖美杜莎的头。女妖美杜莎有着致命诱惑的眼神，谁要是看到她的眼睛，就会失去灵魂变成石头。海怪哪里知道这个秘密，它见珀尔休斯从皮囊里拿出一件东西，不由得定睛观看，这一看不要紧，它立刻变成了一块巨大的石头沉入海底。

图2.2（2）　英仙救仙女（王若晗 绘）

后来，故事中的主人公纷纷升到天空成为星空中的星座。国王成了仙王座，王后是仙后座，公主是仙女座，珀尔休斯是英仙座，海怪是鲸鱼座，而那匹从美杜莎脖子中飞出的马则是秋季星空的重要代表星座——飞马座。

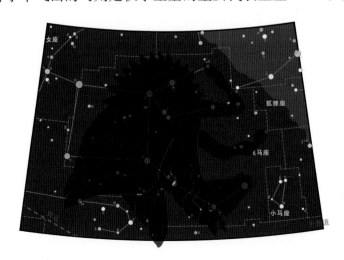

图2.3　星图中的飞马座

讨 论

1. 在这个故事中，你喜欢谁，不喜欢谁？为什么？

2. 在这个故事中，包含了哪些秋季星空中的主要星座？你能说出它们的名字吗？

3. 为什么这些星座被称为"王族"星座？

4. 怎样用一句话简单地概括出以上星座，以便人们记忆？

二、星座辨认

故事读完了，秋季星空中的主要星座大家也就知道了。天文学是一门观测科学，我们还需要在夜空中把这些星座辨认出来。一般而言，人们认识秋季星空中的星座要从找到飞马座开始。

飞马当空、银河斜挂是秋季星空的重要特征，欣赏秋季星空时可以通过飞马座的秋季四边形来找到仙女座、英仙座、南鱼座等。

飞马座的大四边形是秋季天空中最易辨认的符号。这个大正方形由4颗闪亮的星组成，即飞马座室宿一、室宿二、壁宿一和仙女座壁宿二。这4颗星星组成的大四边形的作用非常多，不仅仅被作为秋季星空的标志，还可以用来找到北极星。由飞马座壁宿一向仙女座延伸，经由仙后座 β 星就可以找到北极星了。而向南延伸可找到鲸鱼座 β 星（土司空）。由飞马座的 α（室宿一）和 β（室宿二）星延伸，可以找到仙王座，有人觉得它像教堂的尖顶，尖儿冲着北极星。

仙王座的东面有5颗亮星形成一个"W"，再加两颗较暗的星，便组成了仙后的宝座。仙后座是秋季星空中最常用来寻找北极星的重要星座。由于它和北极星之间没有其他干扰星，所以如果熟悉的话，直接在"W"的开口方向找就

图2.4 利用秋季大四边形认星空

能找到北极星。仙后座主体由五颗星组成，分别是王良四、王良一、策、阁道三、阁道二。其中"策"在"W"形状中间的小尖上。它基本上正对着北极星。

如图2.5，中间的3号星就是策。大概延长虚线的五六倍长，就能看到北极星了。

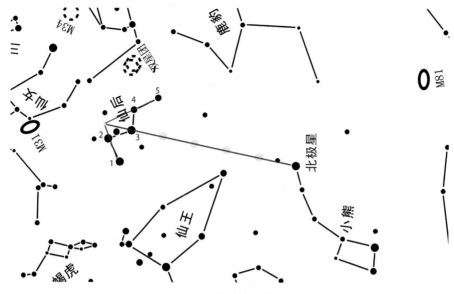

图2.5　利用仙后座寻找北极星

英仙座由多颗星星组成，箭头状对着仙后座。看来，他也很厌恶因自负而为国家惹来大祸的王后。在英仙的手中，提着蛇发女妖美杜莎的头颅，那颗名为"大陵五"的变星就是女妖的眼睛。

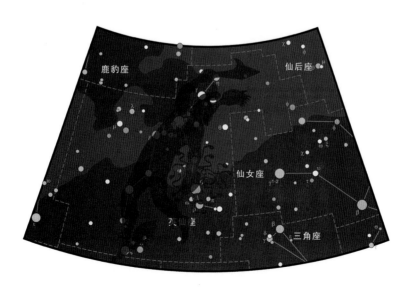

图2.6　星图中的英仙座

下面的小诗可以帮助我们记住主要的秋季星座：

秋季星空

秋夜北斗靠地平，仙后五星空中升。

仙女一字指东北，飞马凌空四边形。

英仙星座照夜空，大陵五星光会变。

南天寂静亮星少，北落师门赛明灯。

实　践

1. 把秋季星座的故事讲给家人或朋友听。
2. 到天象厅或大自然中去，尝试辨认秋季星空中的主要星座。

1. 在星图上，常将每一星座中较明亮的星连起来构成一个图案，帮我们认出空中的星座，在星座中，恒星用希腊字母来表示：α 一般表示最亮的一颗星，β 一般表示亮度第二位的星，以此类推。但是也有一些星座的 β 星会亮于 α 星。

2. 大陵五很特别，它的亮度总在不断地变化：先是很亮，后来逐渐变暗，暗到它正常亮度的六分之一时，又会逐渐亮起来。这样周而复始，大约每隔两天零二十一小时，便变化一次。古代科学不发达的时候，人们对这种奇怪的现象无法解释，便把它归于超自然的魔力，称大陵五为"魔星"，说它是"变幻莫测的神灵"。

如今，"魔星"的秘密已经被天文学家揭开。原来，它是由两颗星组成的，一颗叫主星，一颗叫伴星。它们各自有运行的轨道，但在彼此的引力作用下，又能互相绕着转。这两颗星，主星亮些，伴星暗些。当暗星转到挡住亮星的位置时，我们就会看到大陵五变暗；当亮星从暗星背后转出来时，大陵五就又亮了。在宇宙里，像大陵五这样的双星，还有很多，统称"大陵型变星"。大陵五是这种变星的一个典型代表。

3. 北极星位于小熊座，它没有被划入秋季星座，但是不仅秋季能够看到它，在北半球一年四季都可以看到它。北极星最大的作用就是指引方向，因为在我们看来，它几乎是一动不动地挂在正北方，可以为人们准确地指引方向。

第3节　冬季星空

天气日渐寒冷，冬天悄悄来到我们身边。虽然万物凋零，但是冬季的星空却异常热闹。这时的星空是一年四季中最灿烂的星空……

冬季的星空真的好美！但是为什么我还能看到一些秋季星座呢？

虽然每个季节都有代表星座，但是每个晚上，我们实际上可以看到三个季节的星座呢！例如在夏夜的黄昏，可见春季星座仍在西方地平线徘徊，夏季星座正头顶高挂，天色破晓时，秋季星座已在天顶向我们招手。

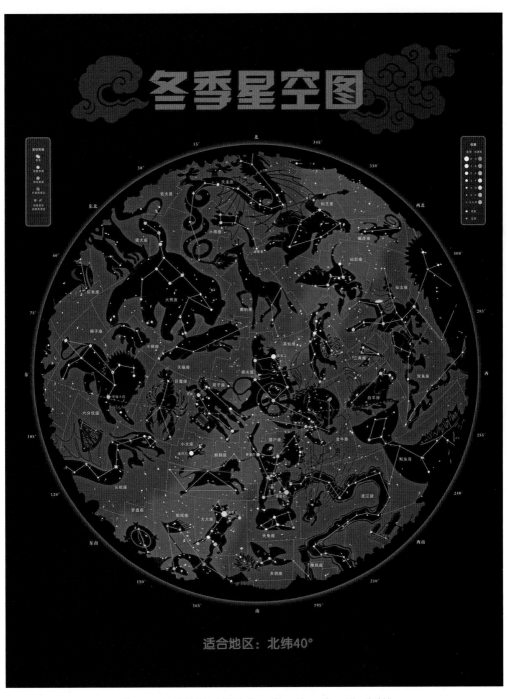

图3.1 冬季星图（闵乃世 张一洁 曹 军 绘制）

一、星座故事

1. 猎户座

在全天88个星座中，拥有亮星最多的是猎户座。它有两颗1等星、五颗2等星、三颗3等星和十五颗4等星。猎户座原本是海神的儿子奥利翁，但他不愿在海中生活，反而来到山林里打猎，成了优秀的猎人。他非常强壮，也非常狂妄。一次他吹嘘说："天下没有谁能比我更厉害了，任何动物只要碰到我这根棒子，就叫它立即完蛋。"奥利翁的狂言激怒了猎神，猎神派出了一只毒蝎与奥利翁较量。奥利翁被毒蝎咬伤不治身亡，宙斯将他升到天上，置于群星中最显耀的位置，这就是猎户座。

图3.2　星图中的猎户座

2. 大犬座

全天最亮的恒星是天狼星。天狼星所在的星座就是冬季南天夜空中的一个小星座——大犬座。大犬座就如同一只飞奔的猎犬，扑向它西侧的天兔座。大犬座整体虽小，却十分明亮，尤其是璀璨的天狼星，它使大犬座更加引人注目。在古希腊神话传说中，大犬座是猎人奥利翁的爱犬西里乌斯的化身。奥利翁死后，西里乌斯十分悲伤，终日不吃不喝，最后饿死在主人的屋里。天神宙斯深受感动，将这只猎犬升到天上，成为大犬座。

图 3.3 星图中的大犬座

3. 小犬座

宙斯唯恐猎犬西里乌斯在天上生活寂寞，找了一只小狗与它为伴。这只小狗就是闪耀在大犬座北面的小犬座。小犬座内肉眼能看到的星星很少，但小犬α星（我国古代天文学称为南河三）却是一颗一等亮星。南河三与猎户α星（参宿四）、大犬α星（天狼星）构成一个巨大的等边三角形，这就是著名的"冬季大三角"。

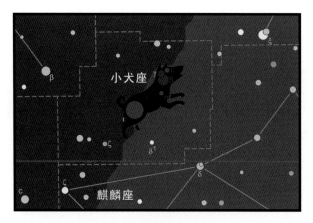

图3.4　星图中的小犬座

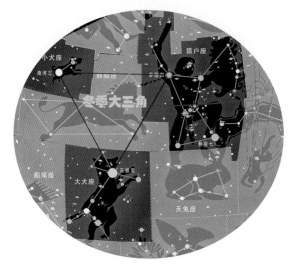

图3.5　冬季大三角

4. 双子座

相传，天神宙斯有一对亲密无间的双生子。哥哥卡斯特在一次混战中重伤不治，弟弟波乐克斯请求宙斯让他和哥哥永远在一起。宙斯将他们一起升到天上，就这样两人变成了双子座。双子座是黄道星座，星座中有两颗亮星紧紧相靠，这就是双子α星（北河二）和双子β星（北河三）。300年前，双子α和双子β的亮度不相上下，而现在弟弟北河三仍是一等星，哥哥北河二却降为二等星，这或许是哥哥受过重伤的缘故吧。

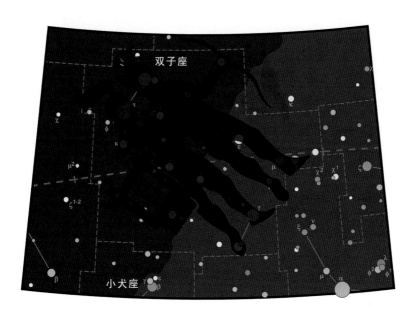

图3.6 星图中的双子座

5. 金牛座

金牛座也是著名的黄道十二星座之一，而毕宿五就位于黄道附近，它和同样处于黄道附近的狮子座的轩辕十四（亦称狮子座α星）、天蝎座的心宿二、南鱼座的北落师门等四颗亮星，在天球上各相差大约90度，正好每个季节一颗，它们被合称为黄道带的"四大天王"。

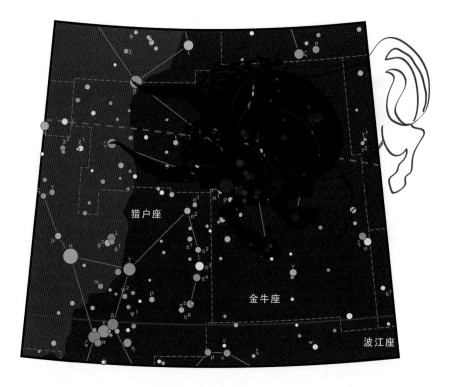

图3.7　星图中的金牛座

二、星座辨认

　　要辨认冬季星座，首先要找到猎户座。猎户座不仅拥有最多的亮星，而且形象也非常便于记忆，即使是在北京这样的大城市，晴朗的冬夜也能够看到它的身影。猎户座主要由七颗亮星组成：其腰部由三颗星——猎户δ、ε、ζ排列而成，组成了猎人的腰带；双腿与双肩则各有一颗亮星，右肩为参宿四（猎户座α）呈红色，而左腿参宿七（猎户座β）则偏蓝色。

　　顺着猎户座的腰带往东南延伸，就可以看见耀眼的天狼星（大犬座α），是四季夜空中最亮的恒星。

　　顺着猎户座双肩的两颗星往东方延伸，可以找到小犬座的南河三。参宿四、天狼星和南河三组成了冬季大三角。　顺着天狼星跟猎户的左肩（参宿五）

图3.8　冬季星空（闵乃世　张一洁　曹　军　绘制）

图3.9　大犬座及天狼星

连线往西北延伸，可以找到一颗红色一等亮星——毕宿五（金牛座α），金牛座呈V字形，很容易辨认。再顺着同一个方向往西北延伸，可以找到金牛座最有名的星团——昴星团，又称为七姊妹星团。用肉眼观察昴星团，它看起来像是模糊的一团，视力好的人，能够辨认出其中的6颗星。它被称为最美丽的疏散星团，从望远镜中，我们可以看到它是由许多颗星组成的。

图3.10　昴星团（七姊妹星团）

把天狼星、南河三、参宿七、毕宿五连成一个弧线，再继续连成一个椭圆，就是冬季大椭圆，因此又会找到御夫座（五边形）的五车二，顺着参宿七和参宿四的连线向东北看去，可以找到双子座的两颗亮星：橙色的北河三（双子座β）与蓝白色的北河二（双子座α），这就是冬季大六边形。

图3.11　冬季大六边形

总　结

冬季的主要星座有_____座、_____座、_____座、_____座、_____座、_____座等。

下面的这首儿歌可以帮助我们记住冬季星空。

冬季星空

三星高照入寒冬，昴星成团亮晶晶。

金牛低头冲猎户，群星灿烂放光明。

御夫五星五边形，天河上面放风筝。

冬夜星空认星座，全天最亮天狼星。

1. 星团

指恒星数量大于等于11颗的星群，这些恒星之间有引力作用。疏散星团由十几颗到几十万颗不等的恒星组成，彼此间距离较远，并且没有规则的形状。

2. 星等划分

恒星有明暗的区别。亮星的总体数量比暗星要多。为了表示恒星的亮度，科学家用"星等"给恒星划分了等级：肉眼能够直接观察到的最暗的恒星为6等，按亮度由弱到强依次为6等、5等……2等、1等。1等星的亮度是2等星的2.5倍，同时是3等星亮度的 6.25（2.5×2.5）倍，以此类推。

牛郎星是1等星。织女星更亮，被天文学家定为0等星。那么，比0等星还亮的恒星呢？它们按亮度依次被定为−1等、−2等、−3等……在地球上我们用肉眼能够直接观察到的恒星中最亮的是天狼星，它是−1.6等星。说完亮星，我们再说说暗星，比6等星更暗的星是如何划分星等的呢？它们依次是7等、8等、9等……它们太暗了，以至于我们没有办法用肉眼直接观察到，需要借助望远镜来观测。我们用物镜口径大的望远镜观测比较暗的恒星，口径越大，越能够观测到星等越暗的恒星。现在世界上物镜口径最大的望远镜能观测到25等左右的暗天体。

天文学家将每颗恒星的星等测量出来后，就能够统计某一星等范围内的恒星数量了。比如我们用四舍五入的方法将亮度小于1.5等的恒星归于"1等星"，将1.6~2.4等的归为"2等星"，将2.5~3.4等的作为"3等星"，以此类推。

一般来说，在远离城市灯光、天空完全黑暗的高山上，裸眼视力1.5的人，能够看到最暗的恒星约为6.5等。

3. 毕宿五

在地球上肉眼可见的恒星中亮度排名第十三位，直径是太阳直径的38倍，大约是5300万公里，由于其已经耗尽了内里的氢，由之前的主序星演变成为红巨星，靠燃烧氦来继续发光发热，是颗橙色巨星。因为毕宿五已经进入了晚年巨星阶段，导致了亮度的不规则变化，星等的变化范围是0.75~0.95，光度的变化不是很大，却极其不稳定。哈勃望远镜观测到了毕宿五的5颗行星，当其处于主序星阶段时是太阳的两倍，理论上拥有的行星数至少为10颗，但其现阶段为红巨星，大量的行星在膨胀过程中被吞没了。

4. 天球

广袤无垠的天空，看起来像一个庞大的圆球，全部日月星辰好像都分布在这个球面上。相比天体和观察者间的距离，观测者随地球相对于天体的移动距离非常微小，所以看上去天体似乎都离我们一样远，仿佛散布在以观测者为中心的一个圆球的球面上。实际上我们看到的是天体在这个巨大的圆球的球面上的投影位置，这个圆球就称为天球。

天文学上就将以地球为中心，以无限大为半径，内表面分布着各种各样天体的球面称为天球。

第4节　春季星空

你有没有观察过，每当寒假结束时，灿烂的冬季星空已经日渐西沉，不经意间，春季星座成了夜空的主角。经过了两个季节的观察，你发现了什么呢?

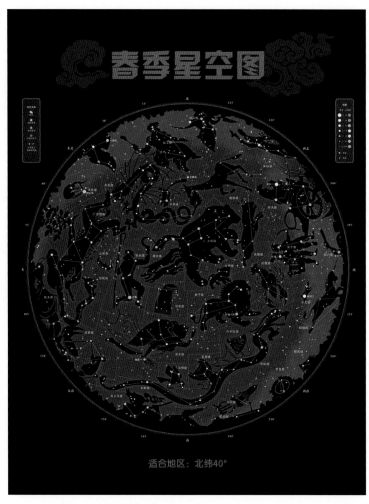

图4.1　春季星图（闵乃世　张一洁　曹　军　绘制）

我发现天空中北边的一些亮星和星座，秋季和冬季都可以看到。为什么它们不属于秋季星座或冬季星座呢？

北极星附近一定范围内的星座一年四季可见，它们被归入春季星座的行列。

一、星座故事

在春季星空中，也有很多动人的传说……

1. 大熊座

在地球上不同纬度的地区，所能看到的星座是不一样的。在北纬40°以上的地区，也就是北京或欧洲希腊以北的地方，一年四季都可以见到大熊座。不过，春天的大熊座正在北天的高空，是四季中观察它的最好时节。因此，大熊座被划分为春季星座。

图4.2　星图中的大熊座

　　著名的北斗七星是大熊座最明显的标志。北斗七星由五颗明亮的2等星和两颗3等星组成一个勺子形状，就像古人盛酒的用具"斗"，又因为它的位置总

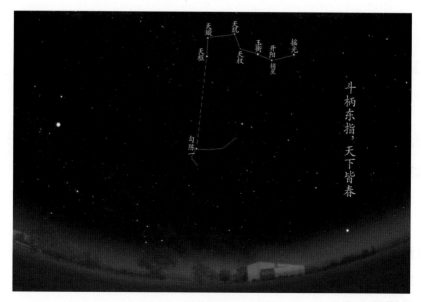

图4.3　斗柄东指天下皆春

在天空的北方，组成"斗"的亮星数量为7颗，所以称为"北斗"或"北斗七星"。北斗七星相当于大熊座腰部到尾部的部分。其中四颗星组成斗勺，另三颗星组成斗柄。

图4.4　北斗七星在天空中的运动（胡澍楷 绘）

2. 小熊座

从大熊座北斗斗口的两颗星引一条直线，一直延长到距离它们五倍远的地方，有一颗不是很亮的星，这就是小熊座α星，也就是著名的北极星。一年四季，不管北斗的勺柄指向何方，勺口两颗星的延长线总是指向北极星。这是寻找北极星最简便的方法。因此这两颗星又被称作"指极星"。无论春夏秋冬，斗转星移，北极星在我们看来似乎是一动不动的，它是人们辨认方向最准确的标志。特别是搞天文观测的人，一定要能够找到北极星。

图4.5　星图中的小熊座

3. 狮子座

传说尼米亚森林中住着一只相当凶猛的食人狮子，皮厚得刀枪不入，它常常在村子附近出没，伤害居民和其他动物。后来，大力士海格力斯赤手空拳将这只狮子给掐死了。古埃及人对狮子座非常崇拜，据说，著名的狮身人面像就是由这头狮子的身体配上室女座的头塑造出来的。狮子座里的星在我国古代也很受重视，我国古人把它们喻为黄帝之神，称为轩辕。

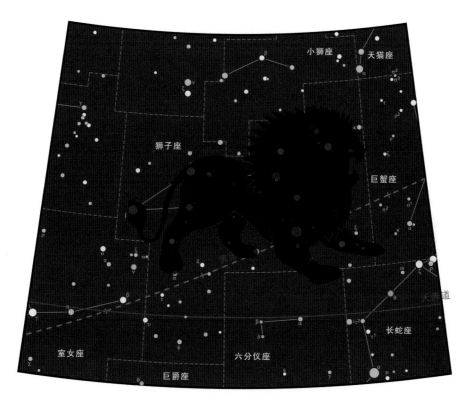

图4.6　星图中的狮子座

4. 牧夫座

传说牧夫是农业女神黛美特的儿子，他因为发明了耕作用的犁，后来被安置在天上以表彰他的功勋及对人类的贡献。另一种传说是，牧夫座本是天空的牧羊人亚特拉斯，后来受天后赫拉的指派，带着他的猎犬去追逐大熊和小熊，因此也被称为"守熊的人"。我们可以发现牧夫和猎犬紧跟着大熊和小熊，在天空北极附近绕着圈子追逐呢！顺着大熊座北斗勺柄三颗星的曲线向南，差不多在勺柄长度的两倍处会遇上一颗橙红色的亮星，这就是牧夫座α星，我国古代称它为"大角"。找到了大角，再找牧夫座的其他星就不难了。大角的视星等为-0.04，为全天第四亮星，北天第一亮星，它不愧是天上的一盏明灯。

图4.7 星图中的牧夫座

5. 室女座

古希腊人把室女座想象为生有翅膀的农神德墨忒尔的形象,她一手拿着麦穗,仿佛在和人们一起欢庆丰收。室女座是全天第二大星座,但在这个星座中,只有角宿一是0.9等亮星,还有4颗是3等星,其余都是暗于4m(4等星)的星。所以,虽然德墨忒尔贵为农神,但她在天上的形象却并不太耀眼。室女座是黄道星座,民间常被说成是"处女座",这是翻译的错误,并非正确的名称。

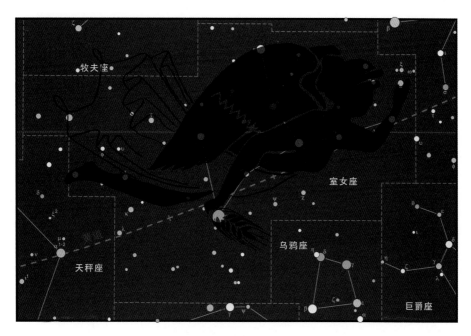

图4.8　星图中的室女座

二、星座辨认

前面曾经提到，顺着大熊座北斗勺柄的弧线，就可以找到牧夫座α星，也就是大角。沿着这条曲线继续向南找，再经过差不多同样的长度，至黄道附近会遇到另一颗发出青白色光辉的1等星，这就是室女座α星，我国古代称其为"角宿一"。它散发着明亮而清澈的光辉，自古就令人刮目相看。角宿一是室女座的主星，清而不冷，丽而不艳，正如一位端庄秀美的少女。

角宿一是全天第十六亮星，它和大角及狮子座β星构成了一个醒目的等边三角形，称为"春季大三角"。春季大三角和猎犬座α星组成的菱形叫作"春季大钻石"。据说，这是天神宙斯送给德墨忒尔的礼物。我们在春季观星时，在找到了大熊座的北斗七星和小熊座的北极星后，紧接着就应该找到这个大三角。这样，再找其他星座就容易多了。

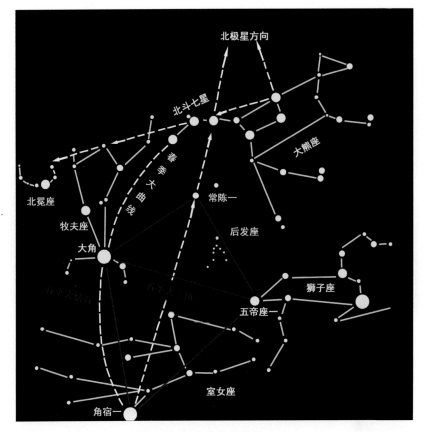

图4.9　春季星空的辨认方法

除上述星座外，春季夜空中能看到的星座还有巨蟹座、长蛇座、乌鸦座等。但这些星座没有突出的亮星，不大容易辨认。

下面的小诗可以帮我们记住春季的主要星座。

春季星座

春风送暖学认星，北斗高悬柄指东，

斗口两星指北极，找到北极方向清。

狮子横卧春夜空，轩辕十四一等星，

牧夫大角沿斗柄，星光点点照航程。

第5节　夏季星空

炎热的夏季到来后，星空也变得热闹起来。从古至今，人们最熟悉的还是夏季星空。它拥有灿烂的银河、耀眼的群星，以及许多动人的传说……

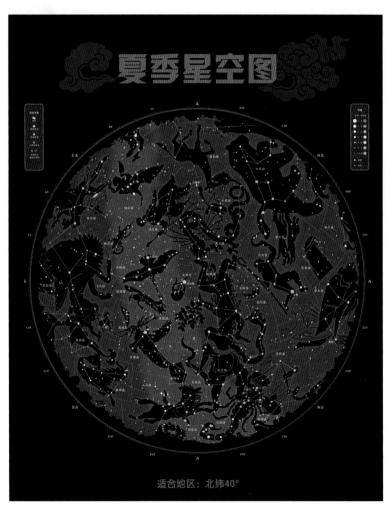

图5.1　夏季星空（闵乃世　张一洁　曹　军　绘制）

既然亮星最多的是冬季星空，那为什么自古以来人们最关注的却是夏季星空呢？

夏季天气热，人们喜欢夜间乘凉，关注星空的机会自然就相对多些。何况灿烂的银河最能震撼人的心灵……

一、星空故事

1. 银河

银河在中国古代又称天河、银汉、星河、星汉、云汉，是横跨星空的一条乳白色亮带。因为在晴朗无月的夏季夜空中泛着微微白光的它像一条河流，所以我国古人认为它是天上的河流，而西方人则把银河想象成是天上的神后喂养婴儿时流淌出来的乳汁，叫它牛奶路。英文中的银河（Milky Way）就是这么来的。动人的传说展现了人们无穷的想象力，也体现了人类探索宇宙奥秘、努力追求答案的愿望，但是神话不等于现实，科学才能揭示真相。当1609年伽利略把望远镜对准天空后，发现了银河。原来它是由一颗颗恒星所构成的，只不过由于这些恒星非常密集，肉眼难以分辨，才让我们误认为它们是连在一起的一带，现代科学证明，我们看到的银河是银河系的一部分。

图5.2　夏夜银河（贾　昊　摄）

2. 天蝎座

还记得冬季星空中的猎户座吗？他是被猎神派出的一只毒蝎蜇死的。猎人奥利翁升天成为猎户座，而那只蝎子后来也升到了天空成为天蝎座。为防止这对仇敌再相争斗，宙斯将他们安置在天球两边，一个升起时，另一个便落下，永世不相见。天蝎座位于黄道的最南端，在天秤座和人马座之间。它拥有两颗1等亮星——天蝎α①（心宿二）、五颗2等星和十颗3等星。这些星排列为"S"形，如同一只大蝎子横卧在银河南端，"大蝎子"的心脏就是心宿二。在中国，

———————

① 天蝎座α星，我国称为大火星、心宿二。

它是东方苍龙七宿中心宿的第二颗星，所以被称为心宿二，又被称为"大火"，人们靠它来确定季节。"七月流火"即是大火星西行，天气将寒之意。

图5.3　星图中的天蝎座

心宿二是一颗放射着红光的美丽星星，它不仅是天蝎座中最亮的1等星，也是夏夜南天中最亮的星之一。有趣的是，心宿二不是一颗星，而是由两颗星组成的，天文学把这种星叫"双星"。心宿双星以其庞大的体积而著称，主星的直径是太阳的600倍，但密度还不到太阳的1/5000000，是一颗红超巨星[①]。这

---

① 红超巨星：质量是太阳质量15倍的恒星，由于质量巨大，它的核心处的温度及密度足够高，以致使氦结合成碳的同时，可以形成氢燃烧壳层。因为热量是由核心产生，所以恒星的外部会膨胀得比红巨星还大，就形成了红超巨星（red supergiant）。

颗超巨星和天蝎座、半人马座以及相邻星座内的数百颗恒星，以相对于太阳24千米/秒的速度运动，天文学家把它们统称为"天蝎—半人马星协"。

天蝎座α星
大火星
心宿二

图5.4　天蝎座和银河

3. 武仙座

武仙座是夏季夜空中一个庞大的星座。武仙座中有相当多的3等星和4等星，所以，尽管它一颗2等以上的亮星也没有，却仍然很明亮。武仙座最亮的恒星是天市右恒一，它是一颗黄巨星，也称为"武仙座β"，视星等2.8。武仙座是古希腊神话中的盖世英雄大力神海格力斯。传说海格力斯是一位神力无比的英雄。他一生最受人们称道的是完成了杀死凶猛的狮子和恶龙等12项人类不可能完成的英雄伟绩。他还解救过为人类盗取天火火种的普罗米修斯。海格力斯死后，宙斯为怀念这个英勇无比的儿子，便将他升入天空，成为武仙座。

图 5.5　星图中的武仙座

4. 天琴座

天鹅星座西南有一个小星座——天琴星座。它是"夏季大三角"的一个组成部分。每当夏秋季节，人们仰望夜空中的天琴星座时，就会想起希腊神话中那位不幸的音乐天才俄耳甫斯。俄耳甫斯不但有优美的歌喉，还是举世无双的弹琴圣手。当他演奏时，不但天上的神和地上的人类为之陶醉而忘却一切烦恼，就连森林中的野兽听了他的琴声也会变得柔顺温和。

俄耳甫斯的妻子欧律狄克不慎被毒蛇咬伤中毒而死，他决定到冥界把她找回来。他的琴声感动了冥河上的艄公、看守地狱大门的长着三只头的狗，甚至连冷酷的冥府之神哈德斯也被他哀婉凄楚的旋律所感动，同意他带着妻子返回人世。但冥王提出了严厉的告诫，在他们到达人间之前，俄耳甫斯绝对不可以回头。俄耳甫斯领着他的爱妻向光明的人间走去，当人间已经近在眼前时，俄耳甫斯忍不住回头看了一眼他的爱妻。就在这一瞬间，欧律狄克在悲惨的呼救声中又被死亡之手拽回地狱。俄耳甫斯追悔莫及，从此变得脾气暴躁，最后他因得罪众神而被杀。宙斯同情俄耳甫斯的悲惨遭遇，就将他用过的宝琴升上天空，成为天琴座。天琴座中的主星天琴α，就是我们熟悉的织女星。在织女星附近有四颗小星构成的一个小小的菱形，它就是织女用的梭子。而在古希腊神话中，"织女""梭子"等星则被想象为一架七弦琴，即天才音乐家俄耳甫斯的宝琴。

图 5.6　星图中的天琴座

5. 半人半马的大英雄——人马座

人马座又称射手座，象征古希腊神话中博学多才的半人半马的神——奇伦。奇伦相当聪明，能文能武，并且将其所学教授给许多学生。传说只要学到他的一门技艺，便可称雄于世。

希腊神话中的许多英雄都是奇伦的学生，如取金羊毛的伊阿宋、战胜狮子精和水蛇精的海格力斯。不幸的是，在海格力斯与人马族的争斗中，生性爱好和平的奇伦在退出争执之时误踩到沾了毒血的箭，他在临死前将不死之身传给了盗取天火的普罗米修斯。宙斯痛惜奇伦的惨死，把他升上天，列为人马座。

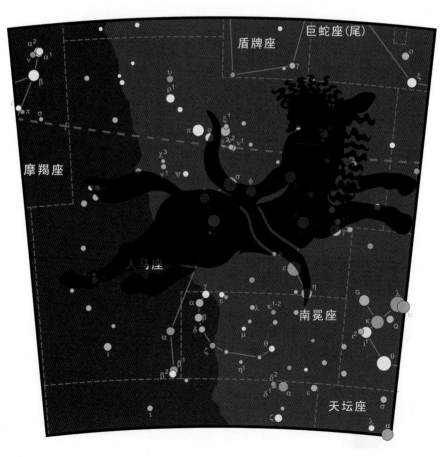

图 5.7　星图中的人马座

夏秋两季，人马座出现在上半夜的南天夜空中。人马座中亮于5.5等的恒星有65颗，最亮的星是箕宿三。还有6颗亮星——斗宿一、斗宿二、斗宿三、斗宿四、斗宿五、斗宿六，连接起来就会构成一把小勺，与北斗七星这把大勺遥相呼应。因为它位于银河中，所以被称为"银河之斗"，又因为它出现在南天的夜空中，也被称为"南斗六星"。人马座中有很多美丽而明亮的星云和星团，其中有一个巨大的星云，显得格外明亮。它最明亮部分的外形犹如湖边亭亭玉立的天鹅，所以天文学家给它起了个美丽的名字：天鹅星云。它也很像希腊字母"Ω"，也被称为"欧米伽星云"。

图5.8 欧米伽星云

6. 天鹅座

天鹅座翱翔于白茫茫的银河之中，星座内亮星很多，所以尽管置身于银河之中，但是它并不难找。天鹅座的主要亮星排列得像一个巨大的"十"字，所以过去也称"北十字"。十字下那长长的一竖就是天鹅长长的脖子，一横为天鹅展开的双翼。有趣的是，天鹅座由升到落真的如同天鹅飞翔一般——它侧着身子由东北方升上天空，到天顶时，头指南偏西，移到西北方时，变成头朝下尾朝上，没入地平线。

图 5.9　星图中的天鹅座

二、星座辨认

夏季星空中最典型的标志就是由牛郎、织女、天津四三颗亮星组成的三角形——夏季大三角。三颗亮星中靠西边也就是位于直角点上的那颗最亮的星为天琴座的织女星，东南方那颗次亮的星为天鹰座的牛郎星，东北边则为天鹅座的天津四。①

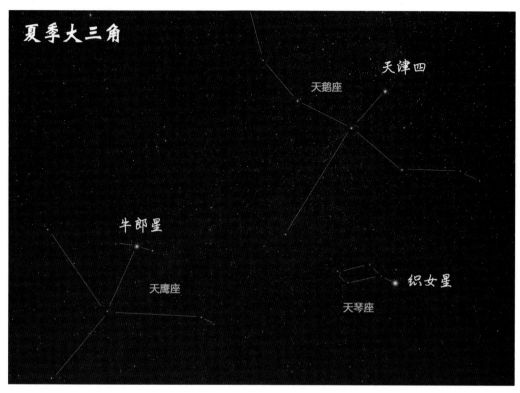

图5.10　夏季大三角

　　沿着天津四向织女星延长大约等距离的地方可以找到蝴蝶形的武仙座，由天津四往天津一延长，在南方天空可找到一颗又红又亮的星星，那就是天蝎座的心脏心宿二了。此外，由天津四往牛郎星延长约40度（将手平伸约四个拳头的宽度）可找到人马座（人马座位于天蝎座的东边，紧邻天蝎座）。

　　由织女星往牛郎星延伸可找到摩羯座，反之由牛郎星往织女星延伸可以找到天龙座的头部。织女星和心宿二中间广大的区域为蛇夫座，他两手抓着一条

---

　　① 因星空是旋转的，该方位是以天球坐标角度来讲的。

巨蛇。

　　这样，我们就把夏季星空中的主要星座都找到了。

实　践

1. 记住夏季星座的大体形状和相对位置，试着把它们画下来。
2. 找一找我国古代描写夏季星空的诗词歌赋，大家互相交流一下。
3. 在父母或老师的带领下去观赏夏季星空。

　　1. 黄巨星：红巨星的一种，与红巨星相比，其温度高，质量低，是一种光度、温度、体积都适中的恒星，是由一些质量是太阳质量2~5倍的恒星演变而成，其质量巨大，亮度明亮，在氢耗完之后还没有开始燃烧氦，此时亮度基本不变而体积膨胀得更大，进入亚巨星分支，由于其膨胀的状态发黄，就进入了黄巨星阶段。

　　2. 星协：天球上分布的某些恒星有集合在一起的现象，是互相之间有物理联系的恒星群，它们比星团稀疏，这样的恒星群称为星协，分为O星协和T星协。星协位于银河系的旋臂上，是不稳定的系统。

第6节 星星的亮度

经过了一段时间的学习，你一定发现有的星星非常明亮，即使在灯光污染很强的大城市都能清楚地看到；有的星星则十分暗淡，要到没有光污染的地区才能勉强看清，而绝大多数的星星则暗得我们根本就看不到。

图6.1 星空银河（赵敏行 摄）

这一定是有些星星发光强，有些星星发光弱的缘故。

你说得有道理，但并不完全正确。有些我们看起来很亮的星星，发光能力不一定强，有些甚至根本不会发光。

实　践

点燃几根蜡烛，有的放在眼前0.5米远的地方，有的放到1米远的地方，有的放得再远一些，感觉一下它们的亮度。你有什么发现？

蜡烛的亮度基本是一致的，但是离我们近的，我们就觉得它亮一些，离我们远的，我们就感觉它暗一些。所以除了发光能力有强弱之分外，发光体和我们之间的距离也决定着它们在我们眼里是明还是暗。

夜空中闪亮的星大部分是恒星，除了恒星以外，我们肉眼只能看到5颗行星和月球。至于流星、彗星等天体，我们很少有机会能看到。在我们眼中非常明亮的行星其实并不会发光，月球也是如此，它们都在反射阳光。而那些自己会发光的恒星看起来反而更暗一些，即使是最明亮的天狼星，也远远达不到金星的亮度。

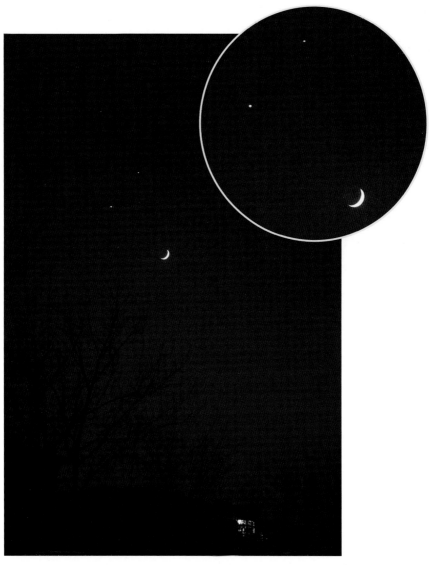

图6.2　月亮、金星、木星构成的"笑脸"

我们看到的恒星并不十分明亮，就是因为它们离我们过于遥远。离太阳系最近的恒星是半人马座的比邻星，它离我们大约4.3光年，也就是说光从比邻星照到地球需要走4.3年才能到。这就意味着我们看到的，永远是它4.3年以前的样子。而那些更加遥远的恒星发出的光可能要经过几十年、几百年、几千年甚至上百亿年才能到达地球，所以它们看起来还不如反射阳光的行星和月亮明亮。

　　尽管在我们看来，星星的亮度并不能真实反映它们发光的本领，但是从观测的角度讲，区分星星的亮度还是非常有用的。

　　公元前2世纪，古希腊天文学家喜帕恰斯观测到天蝎座有一颗陌生的星。为了描述这颗前人没有记录的星，他决定绘制一份详细的星图。经过努力，他制作出了一份标有1000多颗恒星位置和亮度的星图。喜帕恰斯把肉眼能见到的星星分成6个等级，最亮的星为1等，最暗的星为6等。这种星等的划分，在19世纪被标准化，即确定1等星比6等星亮100倍。同时，利用这一数学关系，把比1等星更亮的天体定为0等、–1等，而把比6等星更暗的天体定为7等、8等，等等。例如，太阳的星等为–27等，满月时的月球为–13等。这种根据目视亮度划分的星等被称为"视星等"。

　　现在，天文学家用集光能力最大的天文望远镜观测到的最暗的天体，25等左右，它们比一支距离观测者63千米的烛光还暗。

　　视星等是人眼对星体亮度的主观反映，为了反映天体真实的发光本领，人们又建立了"绝对星等"的概念。绝对星等是假定把恒星放在距地球10秒钟差距（32.6光年）的地方测得的恒星的亮度，用以区别于视星等。绝对星等用大写字母M表示。

比一比

　　参考下面的恒星亮度排行榜，找一找肉眼看到的最亮恒星是哪一颗？再找一找实际最亮的是哪一颗？

表6.1　部分恒星亮度排序表

排名	名称	所属星座	视星等	绝对星等	距离（光年）
	太阳		−26.72	4.8	
1	天狼星（Sirius）	大犬座（CanisMajor）	−1.46	1.4	8.6
2	老人星（Canopus）	船底座（Carina）	−0.72	−2.5	74
3	南门二（RigilKentaurus）	半人马座（Centaurus）	−0.27	4.4	4.3
4	大角星（Arcturus）	牧夫座（Bootes）	−0.04	0.2	36
5	织女星（Vega）	天琴座（Lyra）	0.03	0.6	26.5
6	五车二（Capella）	御夫座（Auriga）	0.08	0.4	45
7	参宿七（Rigel）	猎户座（Orion）	0.1	−8.1	900
8	南河三（Procyon）	小犬座（CanisMinor）	0.38	2.6	11.3
9	参宿四（Betelgeux）	猎户座（Orion）	0.4（var.）	−7.2	470
10	水委一（Achernar）	波江座（Eridanus）	0.46	−1.3	120
11	马腹一（Agena）	半人马座（Centaurus）	0.61（var.）	−4.4	500

第7节　星图史话

下面这幅星官图不仅仅是一幅画，还是人们认识星空的工具，也是人类探索宇宙与自身发展历程的见证，它就是星图。星图（Star atlas），是天文学中用来认星和指示位置的一种重要工具，又称为天图。

图7.1　中国星官全图

古人认为天球是一个以地球为中心的实体，所以最早期的星图是将全天恒星直观地绘制在一个球体上，在球的表面绘有想象的星座图形。此类星图的代表作是现藏于意大利那不勒斯国立博物馆的大理石刻 Farnese 天球，它被希腊神话中的擎天巨神阿特拉斯扛在背上，因此又称"阿特拉斯扛天"。

图 7.2　阿特拉斯扛天雕塑（局部）

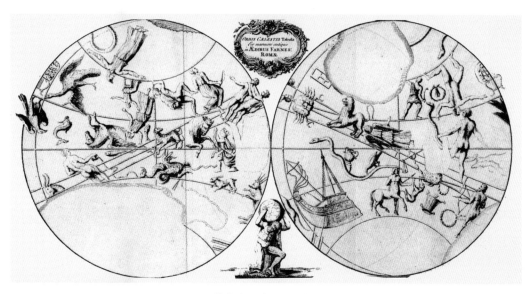

图 7.3　阿特拉斯所扛的天球仪的展开图

Farnese天球上绘有古代的星座图案，但没有标出恒星。将星图绘在球体上带来的最大不便就是由于人们要从天球外面向里看，所以上面的星星是左右颠倒的。为了使用方便，需要我们将实际看到的星星的位置绘制在平面上，我们现在提到的星图都是指这些平面星图。按照绘制的不同，星图可分为古典星图和现代星图。由于文化的差异，不同民族的星图也各不相同，其中最为灿烂的要数发源于欧洲的西方古典星图，它们被人们当作艺术品，而现代星图更注重实用性，通常恒星的位置绘制精确，星名标注完备。

一、西方古典星图

1. Geruvigus 星图

西方古典星图起源于古代希腊、罗马时期，发展于文艺复兴之后的16世纪，并于16世纪下半叶至18世纪达到鼎盛。这些星图通常都绘出了与神话传说有关的图案，当时的天文学家常用天体在星座图案上的位置来确定它们自身的位置，所以很不精确。早期比较著名的古典星图是由中世纪的僧侣Geruvigus于公元1000年左右绘制的，现存于大英博物馆。Geruvigus星图风格古朴，虽然与后期的古典星图相比显得粗糙了一些，但它对于以后的星图画家的影响却很大，从很多星图上都能看到它的影子。

2. 拜耳星图

Uranometria星图是由德国的律师、天文学家拜耳创作的，它具有很高的科学性和艺术性。这个星图使用的恒星位置来自于丹麦天文学家第谷的观测结果，所以恒星位置的精度非常高，甚至超过了很多现代的星图。Uranometria星图由51幅星图和一部含有1709颗恒星数据的星表组成，拜耳还用小写的希腊字母按照每个星座内恒星亮度的大致顺序标注亮星，这种亮星的命名方法至今仍被星图绘制者广泛使用。

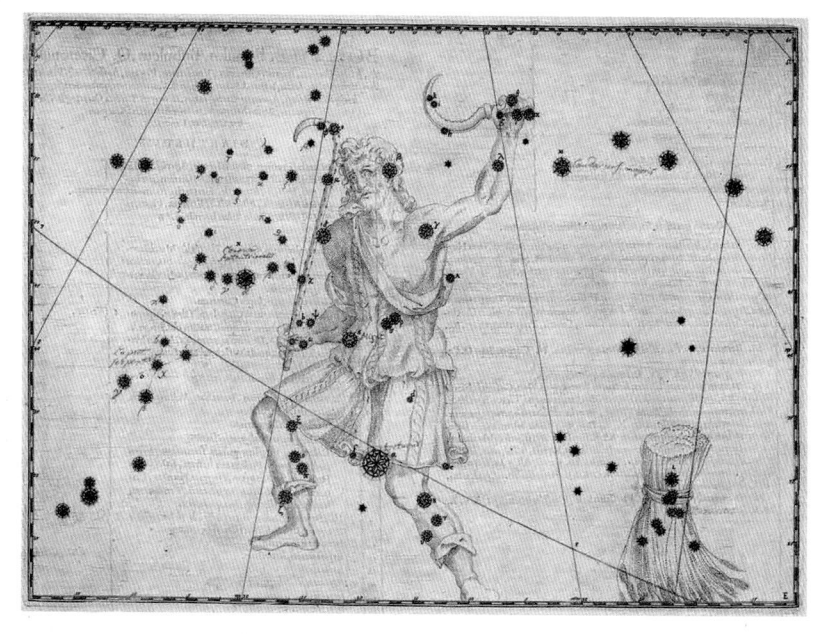

图 7.4 拜耳创作的 Uranometria 星图——牧夫座（1603 年）

3. 赫维留星图

波兰天文学家赫维留绘制了赫维留星图（Firmame ntum Sobiescianum）。赫维留出生于波兰但泽，他在 1641 年建立了自己的天文馆。赫维留星图中恒星的

图 7.5 赫维留北天球南天球图

位置全部来自他自己的观测资料。赫维留星图的精度达到了肉眼观测的极限，可是他的星图与我们看到的星空是左右颠倒的。赫维留的星图绘制得极其精美，具有极高的艺术价值。赫维留在其星图中设立了10个新的星座。

4. 弗拉姆斯蒂德星图

英国首任皇家天文学家弗拉姆斯蒂德的星图精度很高，与现代的大多数星图不相上下，它也是当今科普作品中被引用最多的星图。弗拉姆斯蒂德星图最大的进步在于他采用了比以往更为合理的投影方法，拜耳星图和赫维留星图中的坐标网格无论在数学上还是制图上都是错误的，而弗拉姆斯蒂德首次采用了正弦曲线投影，大大降低了天区的变形。

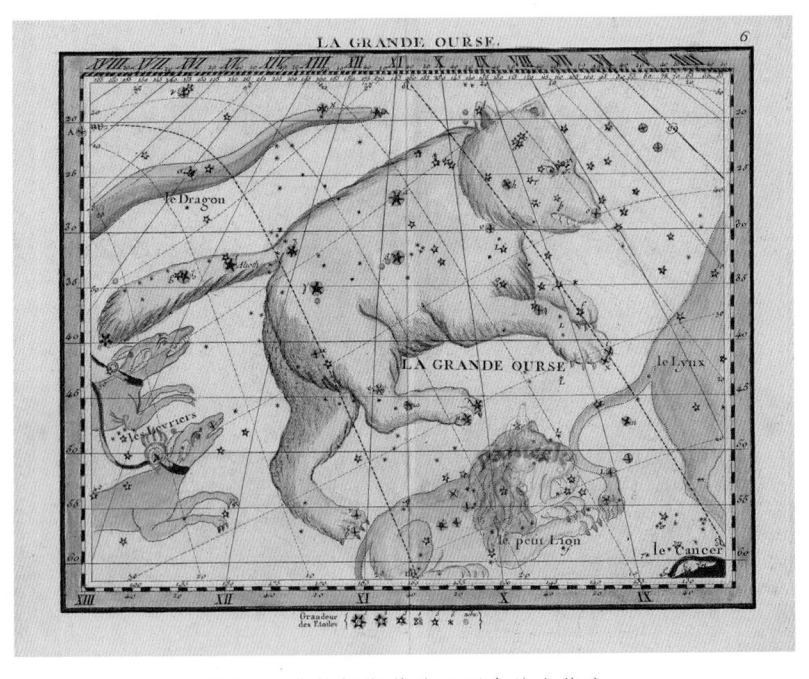

图7.6 弗拉姆斯蒂德星图中的大熊座

5. 波德星图

1801年，德国天文学家波德的波德星图 Uranographia 问世，它的问世将古典星图推上了顶峰。波德出生于德国汉堡，他自学天文学，自1786年起担任柏

林天文台台长。

波德星图共有17000颗恒星，包括肉眼可见的恒星和一批8等亮度的星，此外还有2500个星云、星团以及几乎所有曾经被使用过的星座。波德是第一批绘制出明确星座界限的星图作者之一，星座界限（星座划分）当时很少有人提及，而且缺少统一的标准，但星座界限的出现使每一颗星都有了归属的星座。Uranographia还采用了极佳的圆锥曲线投影法，使星座图形的变形最小，人们至今仍在使用圆锥曲线投影法。

19世纪以后，除了恒星位置测量得更加精准以外，华丽的星座图案渐渐被淘汰，星座图变得更加实用。古典星图渐渐向现代星图过渡。

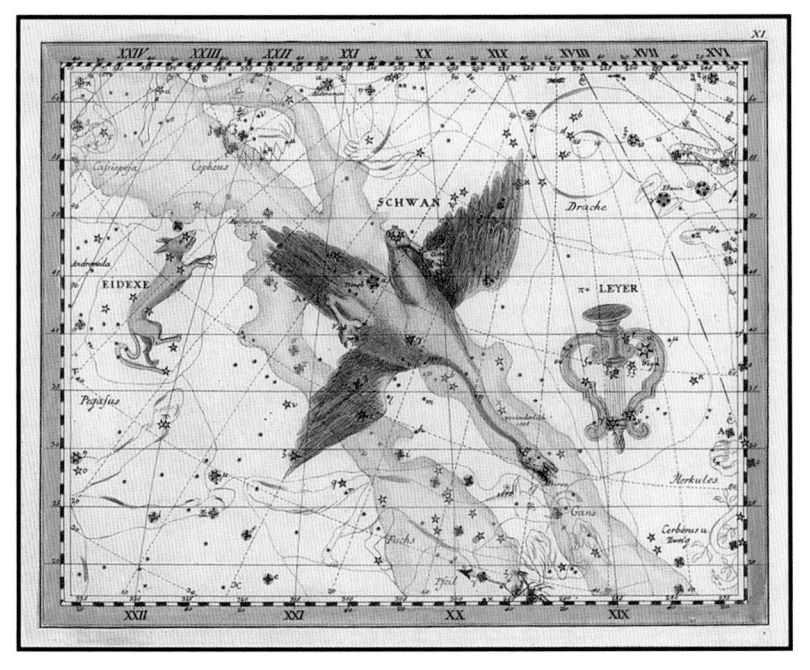

图7.7　波德星图中的天鹅座

二、中国古典星图

中国星图的起源可追溯到新石器时代，当时发现的陶樽就画有太阳纹、月

亮纹和星象的图案。其后，随着时代的推移，星图也得到不断的发展。到了战国时代，大约在公元前3世纪，正式的星图便出现了，但是很多星图现在已经找不到了，流传到现在最早的作品是在敦煌发现的唐代星图。历史上著名的星图有陈卓星图、唐代敦煌星图、宋代苏州石刻天文图等。

1. 陈卓星图

陈卓是三国时期吴国的太史令。陈卓把当时天文学界存在的石氏、甘氏、巫咸三家学派所命名的恒星结合起来，合画成一张全天星图，将其构成了一个有283官、1464颗恒星的相对完整的全天星官系统。陈卓的工作一直被后世的中国天文学家所颂扬。

2. 敦煌星图

敦煌星图是世界上现存最古老的星图，唐代敦煌星图最早发现于敦煌藏经洞，1907年被英国人斯坦因盗走，至今仍保存在英国伦敦博物馆内。敦煌星图是在公元940年前后绘制在绢上的星图，分三垣二十八宿绘制，位置准确，非常珍贵。

3. 宣化辽代墓星图

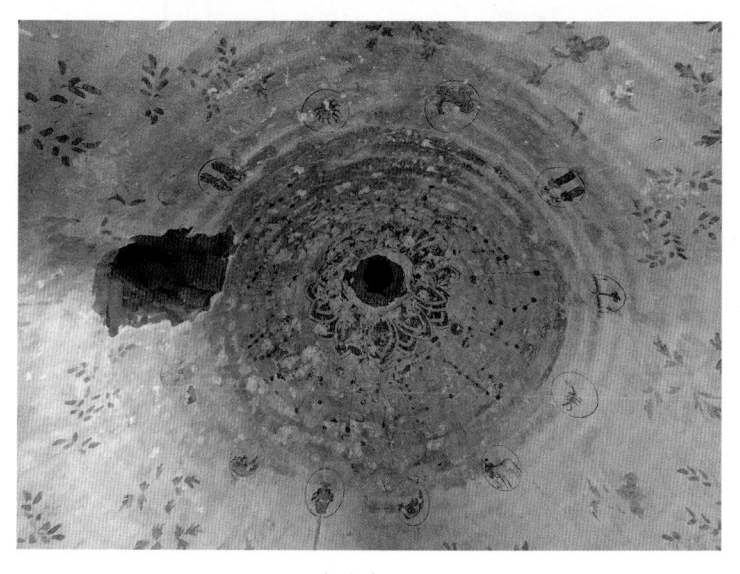

图7.8　辽墓的穹顶古星图壁画

1971年，考古学家在河北省张家口市宣化区的一座辽代墓里发现了一幅星图，该图绘制于公元1116年，用于墓顶的装饰。星图被绘在直径为2.17米的圆内，圆中心嵌着一面直径为35厘米的铜镜，外圈是中国的二十八宿，而最外层则是源于古巴比伦的黄道十二宫。

4. 河南洛阳北魏墓星图

1974年，在河南洛阳北郊的一座北魏墓的墓顶，考古学家发现了一幅绘于北魏（公元526年）的星图，全图有星辰三百余颗，有的用直线连成星座，最明显的是北斗七星，中央是淡蓝色的银河贯穿南北。整个星图直径约7米。这幅星象图是我国目前在考古中发现的年代较早、幅面较大、星数较多的一幅。

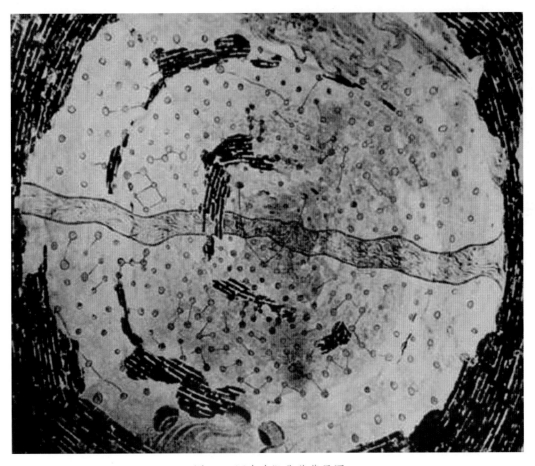

图7.9　河南洛阳北魏墓星图

5. 宋代苏州石刻天文图

宋代苏州石刻天文图也是流传至今最早的星图之一。是北宋的黄裳在元丰年间（公元1078—1085年）根据天文观测结果绘制，于南宋年间（公元1247年）刻在石碑上，现被保存在江苏省苏州博物馆里。这幅星图高约2.45米，宽约1.17米，上部是一幅圆形星图，下部刻有文字，约有1440颗恒星。

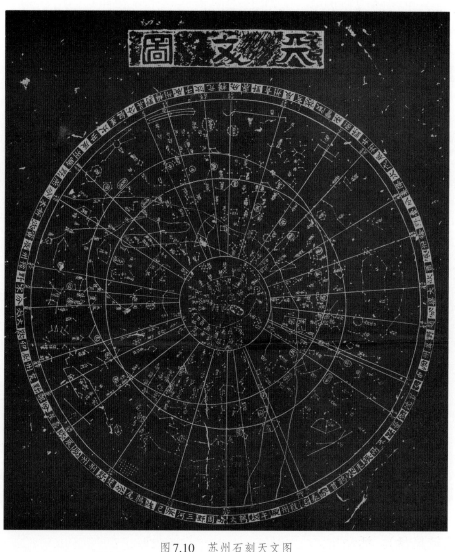

图7.10　苏州石刻天文图

三、现代星图

现在我们经常使用的星图主要分为三种：四季星图、旋转星图及全天星图。

四季星图是将春夏秋冬四个季节的星空分别绘制在四张图上。这是按照从天顶将天体垂直投影到地面上来绘制的，因此，四张星图都是圆形的。圆的边沿上标明了对应的地理纬度，以及东西南北四个方向。圆的中心是头顶上空，即天顶。四季星空图中的恒星一般只绘到3等或4等，个别开本大一些的图可能绘到5等星。因为暗星没有画出来，亮星更显突出，初学者使用起来也更方便。

全天星图则是将整个星空全部分区分片详细地绘制出来的星图。这类星图对于那些已经比较熟悉星空，并且打算进一步观测双星、变星、星云、星团、星系，或者是准备寻找新彗星的天文爱好者是非常必要的。

图7.11　全天星图（曹　军　绘制）

在各种各样的星图中，最便于初学者使用的就是活动星图（也叫旋转星图、旋转星盘）。活动星图能够大体显示不同日期和时间下我们实际所见的星空，对于初学者辨认星座帮助很大。不同地理纬度地区的观测者应使用与其所处地理纬度相适应的旋转星图，我国最常用的是北纬40度左右的活动星图（首都北京的地理纬度大约在北纬40度）。

活动星图由两个圆盘构成，一个圆盘在下方，画有星座，其圆心位于北极星附近，边缘有月日刻度，叫时间盘。星盘和时间盘的圆心重合，用一个小轴连接在一起，使两者都可以自由转动。星盘是以北天极为中心绘制全天（主要指北部天区）的星图，每一个星座都绘有主要的亮星和连线形状。时间盘上的椭圆形的窗口，象征着当地能够看到的天空。

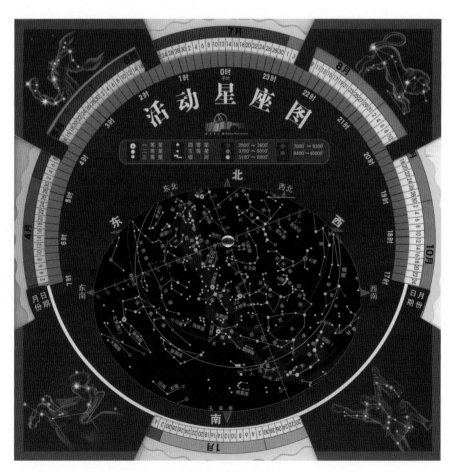

图7.12　活动星图

星盘的刻度代表观测日期，时间盘的刻度代表观测时间，转动星盘把时间对准日期，窗口显示的便是当时可以看到的星空。留意星图的东西方向是倒转的，因为星图是从下向上望的，与日常生活看地图的方向相反。例如图示5月15日晚上9时观测北天星空时，把星图倒转，使北字向下。观测南天星空时，则将星图正放，使南字向下，其他方向以此类推。

　　初次认星时，先辨认最亮的星星及由它们组成的图案，例如牛郎星，织女星，北斗七星，春、夏、冬季大三角，秋季大四边形，等等，逐渐就可以辨认较暗的星星，每次观星都尝试辨认一两个新的图案或星座，很快就会熟识星空了。

实 践

　　1. 利用活动星图观察4月、7月、10月、1月中旬晚9时的星空，找到我们学习过的星座和亮星。

　　2. 在老师或家长的带领下到大自然中去，利用活动星图熟悉真实的星空。

第8节　光辉的太阳

清晨，一轮红日喷薄而出，将万丈光芒洒向大地。它驱走了寒冷和黑暗，带来了温暖和光明。人们赞美太阳、崇拜太阳，因为它赋予我们一切。

图8.1　日出（李羽涵 摄）

中华民族的先民把自己的祖先炎帝尊为太阳神。而在绚丽多彩的希腊神话中，太阳神被称为"阿波罗"。他右手握着七弦琴，左手托着象征太阳的金球，让光明普照大地，把温暖送到人间，是万民景仰的神灵。

太阳，从古至今一直是许多人顶礼膜拜的对象。在古人眼里，它令人敬畏、至高无上；对我们来说，太阳无疑是宇宙中最重要的天体，没有太阳就没有地球上的一切……

图 8.2　夸父追日　剪纸画

讨　论

太阳与我们的生活有什么关系?

一、太阳概况

太阳是个不寻常的大火球，它上面燃烧的可不是普通的火焰，而是发生着热核反应（也就是核聚变），就好比无数颗氢弹（比原子弹强大多了）在不停地爆炸。太阳表面温度大约为6000度，内部温度更是高达1500万度。在这样的温度面前，就算是钢铁也将顷刻化成气体！太阳不仅温度高，体积也硕大无比。太阳的直径约为139万千米，如果把一个直径14厘米的小皮球看作地球，那么太阳则是个直径14米的大球，比四层楼房还要高！

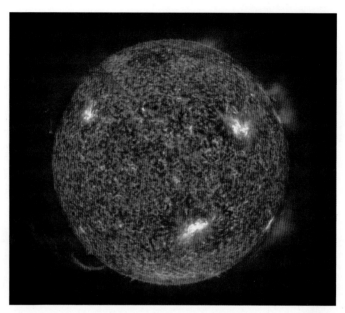

图8.3 太阳是个大火球①

太阳那么大！可是为什么它看起来好像只有盘子那么大呢？

因为太阳离我们很远，有 1.5 亿千米左右。由于"近大远小"的关系，它看起来就不那么大了。

① 此图为 H_2 波段的太阳，故与目视的太阳视图面不同。

二、太阳的结构

太阳是宇宙天体的一种，人们把像太阳这样能够发光发热的天体称为"恒星"。

太阳也有内部构造和大气层，核聚变产生的光和热由核心移动到太阳的大气层，并进入太空。其中一小部分的光和热到达地球，成为生命存在的保障。太阳核心的氢燃料还可以再持续50亿年，所以我们暂时不用担心太阳会燃尽。

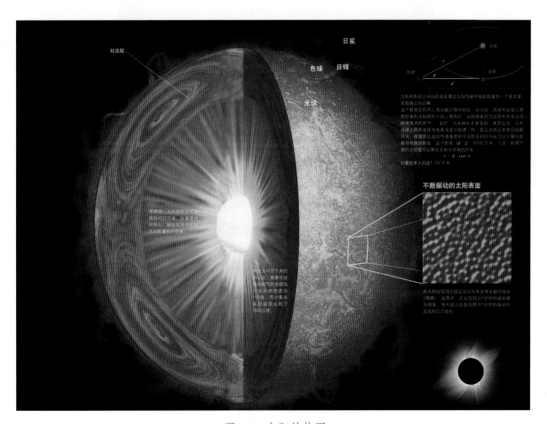

图8.4　太阳结构图

1. 光球层与太阳黑子

太阳的大气分为光球层、色球层和日冕层，但是这三层并没有明确的界限。大气的内层是光球层，由于它太亮，平时我们反而只能看到它，而看不到色球层和日冕层。在光球层上，时常会出现一些"雀斑"，也就是太阳黑子。

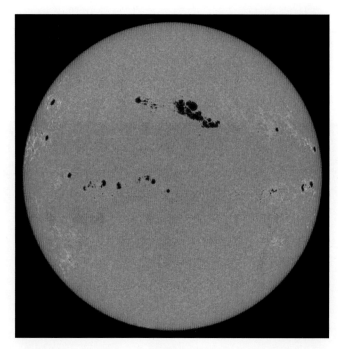

图 8.5　光球层上的太阳黑子

太阳黑子是在太阳的光球层上发生的一种活动，是太阳活动中最基本、最明显的活动现象。研究表明，太阳黑子的活动至少已经持续了数亿年。一般认为，黑子实际上是太阳表面一种炽热气体的巨大旋涡，温度大约为4500摄氏度。因为比太阳光球层的表面温度要低1000~2000摄氏度，所以看上去像一些深暗色的斑点。太阳黑子的活动往往会对地球的气候、通信、生物带来不同程度的影响。

我国是世界上最先记录了太阳黑子的国家，公元前140年前后成书的《淮南子》中记载了："日中有踆乌。"我国古人把太阳想象成三条腿的乌鸦，说不定就是他们看到了这个形状的太阳黑子呢！不然的话，为什么很多国家的传说中都把明亮的太阳和黑色的乌鸦联系在一起呢？天文学家观测到太阳黑子在太阳表面做恒常运动，这表明太阳像地球一样做着自转运动。太阳黑子看上去很小，而事实上它们可能有地球这么大，它们是太阳表面温度较低的区域。科学家们通过观测数据发现，太阳所产生的能量每年会有微弱的变化，从而影响地球的温度，他们怀疑这与太阳黑子的数量有关。除了黑子之外，太阳表层还有日珥和耀斑。

2. 色球层与日珥、耀斑

色球层是太阳上呈微红色的气体圈，在色球层上面，有时会看到升腾的火舌，这些火舌叫作日珥。日珥是太阳活动的标志之一，它像是太阳的"耳环"一样。大的日珥高于日面几十万千米，还有无数被称为针状体的高温等离子小日珥。

有时候太阳黑子活动区域内的气体圈突然连在一起，释放出巨大的能量，这种能量将太阳上的气体加热到上百万摄氏度，使氢爆炸进入宇宙空间，这种爆炸称为耀斑。太阳耀斑会大大增加太阳风，大量的太阳风粒子到达地球后会引起磁暴，从而干扰收音机、电话和电视的信号。

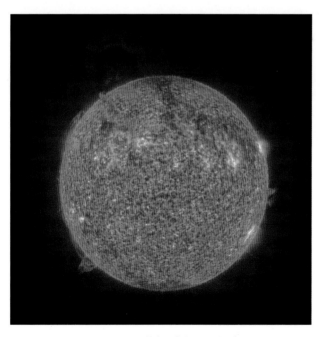

图 8.6　STEREO 拍摄到的巨大爆发日珥

图 8.7　太阳黑子和耀斑

3. 日冕

　　日冕是难得一见的太阳大气，只有在日全食发生时，我们才有机会看到它。在日全食开始或结束的时候，月球遮住了光球层强烈的光线，光球周围会有些略带红色的光，这部分就被称为太阳的色球层，来自太阳大气的中间部分。当日全食月球把太阳完全遮住时，太阳更暗的一层也可以被看见，这个看起来像太阳白色光环的外层叫日冕。

图 8.8　日冕

　　日冕会放射出带电粒子流，我们称之为太阳风，太阳风到达地球时，地球的大气层和磁场会阻碍它，但是它可以在地球的南北极进入地球。太阳风与地球大气层的气体分子发生碰撞，会使这些气体分子发出好看的光，形成美丽的极光。

图 8.9　北极圈里的极光爆发

三、太阳的观测

观测太阳非常重要，古人对农时的把握、对历法的了解，甚至对时间和方向的认识，都与观测太阳有密切的关系。因为阳光非常刺眼，所以观察太阳就成了一件非常危险的事情。除了日出、日落或者被云层遮挡以外，太阳是不可以直接目视观测的，更不能使用天文望远镜直接观察太阳，否则有致盲的危险。太阳滤光镜或太阳滤光片是观察太阳必不可少的器材，它的作用是把阳光的亮度减弱，达到人眼可以接受的程度。太阳滤光镜或滤光片的种类很多，包括光学玻璃制成的、有机玻璃制成的，更多的是用各种薄膜制成的。

巴德膜是业余太阳观测中使用最广泛、效果最好的一种滤光镜。与很多滤光装置相比（如用磁盘片芯或录像带或X光片制成的滤光膜），具有成像清晰、不改变颜色的优点，而且价格与光学玻璃滤光镜相比，也便宜很多。

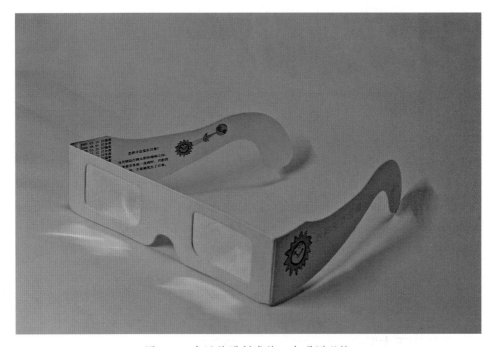

图8.10　由巴德膜制成的日食观测眼镜

图 8.10 中像镜子一样光亮的减光设备就是巴德膜，它有两种规格，透光率分别为 16/100000 和 1/100000。前者适合太阳摄影，后者适合目视观测。用巴德膜，可以观察或拍摄太阳黑子。

近年来，随着科技的发展和人们生活水平的提高，一种新的专业滤光镜进入了人们的视野，它叫作"日珥镜"。日珥镜可以方便地装配在普通望远镜的物镜前面用以观测太阳，观测常规目标时卸下来即可。

日珥镜是以 H-α 的波长为中心设计的一种窄频带宽的光学滤镜，它由多层真空喷涂技术来镀镜，以过滤掉需要的波长以外的所有波长的光线。使用日珥镜观测太阳，不仅可以看到太阳黑子，还能看到日珥等太阳表面的剧烈活动，因此被称为日珥镜。日珥镜虽好，但是它的价格比较贵，操作要求高，用途又比较单一，目前还没有到普及的程度。

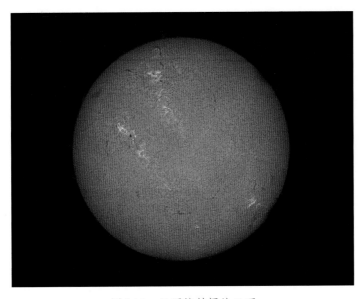

图 8.11　日珥镜拍摄的日面

为了解决日珥镜不宜调节的问题，国外一些公司还开发了一种专门用于观测太阳的望远镜，它的调节方式简单，效果也非常好。但由于它的滤光镜不能拆卸，只能用于太阳观测，且价格远远高于日珥镜，因此，它也没有得到很好的普及。

由于太阳不能直接用眼睛看，用望远镜对准太阳可是个学问。一般我们通过观察望远镜的影子大体对准太阳，也可以通过观察寻星镜后射出的光斑确认是否对准了太阳。（千万不要用眼睛直接看太阳！）

太阳望远镜的寻星镜很特殊，小巧而方便。前面就是个小孔，后面是一小片磨砂玻璃。转动望远镜，当一个小圆点出现在磨砂玻璃上，就说明对准太阳了。

如果没有合适的滤光镜，我们还可以用投影观测的方法观测太阳。把望远镜对准太阳，目镜后会投射出亮光，调节焦距，直到在地面或投影屏上出现清晰的太

图8.12　专用太阳观测望远镜

图8.13　太阳望远镜的寻星镜

阳影像。使用这种方法观测太阳时，既不能用塑料镜筒的目镜，也不能使用有胶合镜片的目镜。因为，在高温下，胶合镜片中的胶容易被烧化，有时甚至由于冷热不均而使镜片炸裂！使用这种方法，即便用很普通的望远镜（甚至是自制望远镜）也可以观测到太阳黑子。

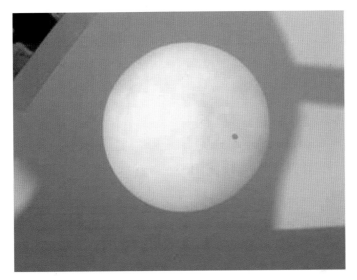

图8.14　利用投影法观测太阳

实　践1

请你在88天内，每3天记录一次日面上的太阳黑子的位置，看你能发现什么。

天数	太阳黑子位置	天数	太阳黑子位置	天数	太阳黑子位置	天数	太阳黑子位置
1		*4*		*7*		*10*	
天数	太阳黑子位置	天数	太阳黑子位置	天数	太阳黑子位置	天数	太阳黑子位置
13		*16*		*19*		*22*	
天数	太阳黑子位置	天数	太阳黑子位置	天数	太阳黑子位置	天数	太阳黑子位置
25		*28*		*31*		*34*	
天数	太阳黑子位置	天数	太阳黑子位置	天数	太阳黑子位置	天数	太阳黑子位置
37		*40*		*43*		*46*	
天数	太阳黑子位置	天数	太阳黑子位置	天数	太阳黑子位置	天数	太阳黑子位置
49		*52*		*55*		*58*	

天数	太阳黑子位置	天数	太阳黑子位置	天数	太阳黑子位置	天数	太阳黑子位置
61		64		67		70	

天数	太阳黑子位置	天数	太阳黑子位置	天数	太阳黑子位置	天数	太阳黑子位置
73		76		79		82	

天数	太阳黑子位置	天数	太阳黑子位置				
85		88					

实　践 2

　　太阳是生命之源，经常作为艺术图案出现在各种文化作品中，请在自己的身边寻找一些装饰物、衣服、艺术品上的太阳图案，说一说它们描绘的是太阳的哪一部分？

核聚变： 质量较轻的原子核（例如氘和氚）结合成较重原子核（例如氦）时放出巨大能量，也叫作核融合、融合反应、聚变反应或热核反应。在极高的温度和压力下，质量小的原子（主要指氢）的核外电子摆脱原子核的束缚，两个原子核能够互相吸引而碰撞到一起，发生原子核互相聚合作用，生成新的质量更重的原子核（如氦）；中子的质量比较大，不带电的中子也能够在原子核的碰撞过程中逃离原子核的束缚而释放出来，大量电子和中子的释放所表现出来的就是巨大的能量释放。核聚变有很大可能成为未来的能量来源，向人类提供最清洁而又取之不尽的能源，科学家们正在努力地研究。

第9节 神秘的月球

　　月球是迄今为止人类唯一踏足过的地外天体，也是人类最关注的天体之一。它激发了人类无穷的遐想，让文学家和艺术家产生了灵感，创作出了无数的诗歌、绘画、歌曲等作品。而科学家们，则一直在努力探寻它的真相——它是怎样诞生的？它的上面有什么……

图9.1　中秋满月（张益铭 摄）

月亮是夜空中最引人注目的天体。它明亮而且富于变化，无论形状、亮度还是方位，都是变化最明显的。月亮还是夜空中人类唯一能看出一些细节的天体，由黑色玄武岩构成的月海形成了抽象的图案。古代的人们没有能力了解它是什么、怎么构成的，于是发挥想象，诞生了美丽的神话。

图9.2　古人想象的月球

古代科学家通过认真的观察和深入的思考，认识到月球是个巨大的岩石球体，掌握了地球、太阳、月球三者之间的位置关系，正确分析了月相的成因。他们甚至可以推测出月食的成因，计算出月球的直径以及地球和月球之间的大致距离，不过受到观测条件的制约，在此后一千多年的时间里，人们对于月球再没有进一步的认识。

到了伽利略时代，望远镜的出现为人类认识月球带来了发展。人们发现月球表面凹凸不平，有山脉、峡谷，特别是还有一个个大大小小的环形山。事实上，"环形山"这个名字就是伽利略起的，它是月球地貌的显著特征。

为了进一步了解月球，人类经过不懈努力完成了登月的壮举。1969年7月16日上午9点32分，美国土星5号火箭载着阿波罗11号飞船在肯尼迪角的39A综合发射台发射了。飞船上是机长尼尔·阿姆斯特朗、奥尔德林上校和科林斯中校。7月20日是预定在月球上着陆的一天。在"鹰"号船舱里，阿姆斯特朗和奥尔德林做好了登陆前的准备。登月舱朝着月球上的静海飞去。1969年7月20日下午4点17分42秒，"鹰"号登月舱在月球上着陆！

两个宇航员把仪器检查了三个小时之后，穿上了价值30万美元的太空衣，降低了登月舱内的压力。接着，阿姆斯特朗背朝外，开始从九级的梯子上慢慢下去。在第二级阶梯上他打开了电视照相机的镜头，让5亿人看到他小心地下降到荒凉的月球表面。

　　下午10点56分20秒，他的靴子接触到了月球，他说："对一个人来说，这是一小步，但对人类来说，这是一大步。"他发现，月球表面是纤细的粉末状的月壤，他在月球上留下了清晰的脚印。

图9.3　阿姆斯特朗留在月球上的脚印

他们一面收集月球岩石标本供科学研究之用，一面测量太空衣外面的温度：阳光下是112摄氏度，阴处是零下137摄氏度。他们摆出一长条金属箔来收集太阳粒子，架起测震仪来记录月球震动，还架起反射镜以把结果送给地球上的望远镜。他们总共在月球上停留了二十一小时三十七分钟，之后发动引擎离开了月球。

此后，美国又曾5次成功登月，之后人类就再没有踏足过月球。不过，人类探索月球的步伐并没有停止，特别是我国启动的嫦娥计划正在稳步推进，并已取得了突出的成就。截至2017年7月，我国的嫦娥一号、二号和三号均出色地完成了任务，嫦娥三号更是把玉兔号月球车留在了月球，创下了全世界在月工作最长纪录。2017年1月9日，嫦娥三号工程获国家科学技术进步奖一等奖。

讨 论

对于探月计划，有人支持，有人反对，说探索月球花了太多的钱，对这个问题你怎么看呢？

探索月球不仅是综合国力和科技发展水平的体现，也具有很多现实意义。月球可以为我们提供矿产资源，可以为我们提供更多的能源，可以作为我们观察宇宙的基地，可以作为我们向太空进发的中转站。对月球的探索，会拉动诸多科学技术的飞速发展，也会让我们了解更多的宇宙信息。总之，对月球的探索就如同是对宇宙的探索，意义深远。在探索中谁先迈出一步，谁就会在科技、经济甚至政治领域取得领先。

通过不断的探索，人们了解到月球是个荒凉的世界，没有水、没有空气、没有动植物，引力也只有地球引力的1/6。月球距离地球约384000千米，直径约3476.28千米，因为没有大气的保护，月球白天最高温度可达160℃，夜间温度最低会降到-180℃左右。月球的地形地貌与地球有很大不同。

一、环形山

环形山是月球最典型的地貌特征，也叫月坑，最早被伽利略观察到并命名。环形山有大有小，位于月球南极附近的贝利环形山直径为295千米，可以把整个海南岛装进去，直径大于1000米的环形山多达33000多个。最深的山是牛顿环形山，深达8788米。

图9.4　我国嫦娥一号探测器拍摄的月面环形山

关于环形山的形成有不同的推测。有人认为环形山是陨石撞击形成的，环形山就是陨石撞击月面留下的大大小小的陨石坑；有人认为环形山是月球上的火山；还有人认为环形山是月球还在熔融状态时从地下冒出的气泡破裂后形成的凹痕。

实验：制造环形山

实验材料：托盘，细沙，各种型号的玻璃球。

实验步骤：

1. 将细沙填满托盘并抚平表面；

2. 从高处将大球抛下，在细沙中形成最大的陨星坑。去除大球后再用较小的球往下砸，从而产生重叠陨星坑的景象。

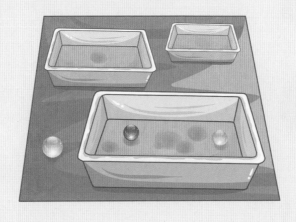

二、月海

以前的天文学家误以为月球表面发暗的地区有海水覆盖，所以把它们称为"海"。人们在地球上所见月面上的阴暗部分实际上是月面上的广阔平原。月海反射太阳光的本领（反照率）也比较低，所以看起来显得比较黑。月海的地势一般较低，好像是地球上的盆地，月海比月球平均水平面低1~2千米，个别最低的海，如雨海的东南部甚至比周围低6千米。已确定的月海有22个，此外还有些地形称为"月海"或"类月海"。公认的22个月海中绝大多数分布在月球正面。最大的"风暴洋"面积约500万平方千米，差不多是我国面积的一半。大多数月海大致呈圆形、椭圆形，且四周多被一些山脉封闭住，但也有一些海是连成一片的，著名的海有云海、湿海、静海等。除了"海"以外，还有五个与"海"地形类似的"湖"——梦湖、死湖、夏湖、秋湖、春湖，有的湖比海还大，比如梦湖面积约7万平方千米，比汽海等大得多。月海伸向陆地的部分称为"湾"和"沼"，都分布在正面。湾有五个：露湾、暑湾、中央湾、虹湾、眉月湾，沼有腐沼、疫沼、梦沼三个，其实沼和湾区别不大。

图9.5　月球正面的月海之一澄海（Mare Serenitatis）

三、月陆和山脉

月面上高出月海的地方称为月陆，一般比月海平均高2~3千米，由于它反照率高，因而看起来比较明亮。在月球正面，月陆的面积大致与月海相等；但在月球背面，月陆的面积要比月海大得多。月陆比月海古老得多，是月球上最古老的地形特征。

图9.6　月海和月陆

在月球上，除了众多交错的环形山外，也存在着一些与地球上相似的山脉。月球上的山脉常借用地球上的山脉名，如阿尔卑斯山脉、高加索山脉等，其中最长的山脉为亚平宁山脉，绵延1000千米，但高度不过比月海水准面高三四千米。山脉上也有些峻岭山峰，过去对它们的高度估计偏高。现在认为大多数山峰高度与地球山峰高度相仿，最高的山峰（亦在月球南极附近）也不过9000米和8000米。月面上6000米以上的山峰有6个，5000~6000米的山峰有20个，4000~5000米的山峰有80个，1000米以上的山峰有200个。月球上的山脉有一普遍特征：两边的坡度很不对称，向海的一边坡度甚大，有时为断崖状，另一侧则相当平缓。除了山脉和山群外，月面上还有四座长达数百千米的峭壁悬崖，其中三座突出在月海中，这种峭壁也称"月堑"。

四、月面辐射纹

月面上还有一个主要特征——一些较"年轻"的环形山常带有美丽的"辐射纹"，这是一种以环形山为辐射点向四面八方延伸的亮带，它几乎笔直地穿过山系、月海和环形山。辐射纹长度和亮度不一，最引人注目的是第谷环形山的辐射纹，最长的一条长1800千米，满月时尤为壮观。其次，哥白尼和开普勒两个环形山也有相当美丽的辐射纹。据统计，具有辐射纹的环形山有50个。

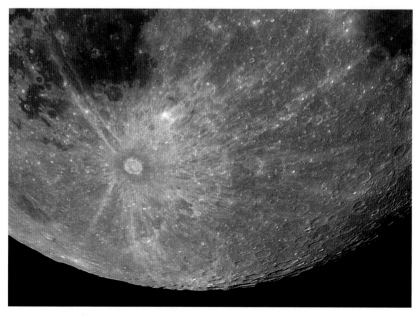

图9.7　第谷环形山和它周围的辐射纹

形成辐射纹的原因至今未有定论。实质上，它与环形山的形成有紧密关系。现在一些科学家倾向于陨星撞击说，认为在没有大气和引力很小的月球上，陨星撞击可能使高温碎块飞得很远，从而形成辐射纹。还有一些科学家认为不能排除火山的作用，火山爆发时的喷射也有可能形成四处飞散的辐射形状。

五、月谷（月隙）

地球上有许多著名的裂谷，如东非大裂谷。月面上也有这种构造——那些看起来弯弯曲曲的黑色大裂缝即是月谷，它们有的绵延几百米至上千千米，宽度从几千米到几十千米不等。那些较宽的月谷大多出现在月陆上比较平坦的地区，而那些较窄、较小的月谷（有时又称为月溪）则到处都有。最著名的月谷是在柏拉图环形山的东南，连接雨海和冷海的阿尔卑斯大月谷，它把月面上的阿尔卑斯山拦腰截断，很是壮观。从太空拍得的照片估计，它长达130千米，宽10~12千米。

图9.8 月谷[①]（月隙）

[①] 月谷：较大的月谷大多出现在月陆上较平坦的地区，照片中部是里伊塔月谷，位于南海东北部、詹森环形山东面的月陆上，总长达500千米。

六、月球的背面

月球背面的结构和正面差异较大。月海所占面积较少，而环形山则较多。地形凹凸不平，最长和最短的月球半径都位于背面，有的地方比月球平均半径长4千米，有的地方则短5千米（如范德格拉夫洼地）。背面的月壳比正面厚，最厚处达150千米，而正面月壳厚度只有60千米左右。

七、矿产资源

月球上有丰富的矿藏，据介绍，月球上稀有金属的储藏量比地球还多。月球上的岩石主要有三种类型，第一种是富含铁、钛的月海玄武岩；第二种是斜长岩，富含钾、稀土和磷等，主要分布在月球高地；第三种主要是由0.1～1毫米的岩屑颗粒组成的角砾岩。月球岩石中含有地球中全部元素和60种左右的矿物，其中6种矿物是地球上所没有的。地球上最常见的17种元素在月球上到处都是。以铁为例，仅月面表层5厘米厚的沙土就含有上亿吨铁，而整个月球表面平均有10米厚的沙土。月球土壤中还含有丰富的氦3，利用氘和氦3进行的氦聚变可作为核电站的能源，特别适合宇宙航行。据悉，月球土壤中氦3的含量估计为715000吨。许多航天大国已将获取氦3作为开发月球的重要目标之一。此外，月球还蕴藏有丰富的铬、镍、钠、镁、硅、铜等金属矿产资源。

虽然人类不断对月球进行探索，但是人类对月球的认识依然非常有限。甚至有人说，似乎人们对月球的了解越多，就会发现越多的月球之谜。人类探索月球之谜的路程还非常遥远。

实　践

　　月球还有哪些未解之谜？请查阅资料了解一下，并探讨各种说法的可能性。

张老师的星空课堂

　　1. 太阳高能粒子：也称为太阳宇宙线，是来自太阳的高能量粒子，太阳耀斑的爆发通常会伴随太阳宇宙线通量的急剧增长，可出现几个数量级的瞬时增幅，称为太阳宇宙线暴。质子是太阳宇宙线的主要成分，也被称为太阳质子事件。最早被观测到的太阳高能粒子是在20世纪40年代初期，因为它们会危及在外太空的生命，严重影响卫星正常工作，所以受到了人们的重视。

　　2. 汽海：是环状月海，位于月球东半球，在雨海的东南侧，澄海的西南侧，面积约5.5万平方千米，直径为245千米，1651年由意大利天文学家乔万尼·巴特斯达·里奇奥利（Giovanni Battista Riccioli）命名。

第10节 变化的月相

每天月球升起的时间都不相同，样子也会有明显的变化。这些变化格外引人注目。

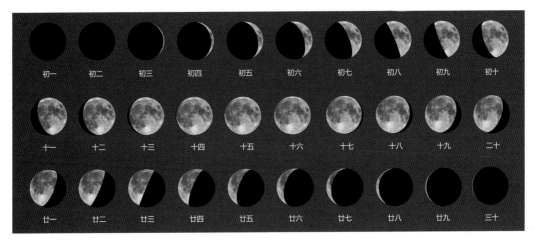

图10.1 月相

每天在同一时刻观察月亮，会发现它的位置总要向东运转大约12度，图10.1就是一个人在一个月内连续观察到的月亮的样子。如果在19:00左右观察，初一前后的月亮在西方地平线的位置，初八前后的月亮在上中天的位置，而十五前后的月亮则刚刚从东方地平线升起。

月球不是个球体吗？为什么看起来有时圆，有时不圆呢？

如果生活中你注意观察，也会发现类似的现象。

不发光的物体在光照下会有明暗变化，比如一个石头球，在阳光下会有一半被照亮，另一半处于阴影中。我们变换不同的观察角度，就会看到不同的光影效果。如果我们站在与入射光一致的角度看，能够看到完整的被照亮的部分，形成一个圆形；如果我们站在与入射光垂直的角度看，只能看到一半被照亮的部分，形成一个半圆形……

聪明的古代科学家把这种现象和天空中的月相变化进行联想，发现它们具有相似之处。根据观察，人们得出了在一个月（阴历）的每一天中，地球、月球、太阳之间的位置关系。

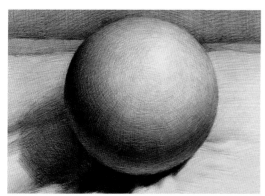

图 10.2 物体明暗变化素描图

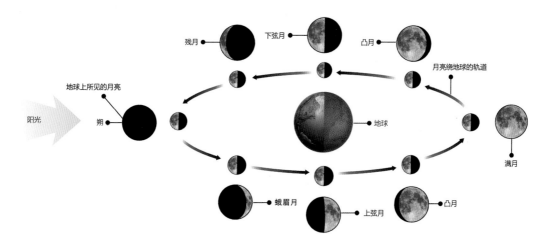

图 10.3 地球、月亮、太阳之间的位置关系

　　农历初一这一天，月球位于地球与太阳之间，它几乎与太阳一同升起，一同落下。它不会出现在夜空中，白天则会被太阳的光芒所掩盖，所以农历初一是看不到月亮的。

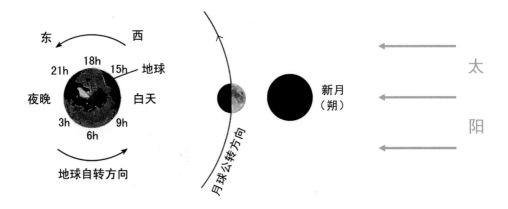

图10.4　农历初一从地球看月球示意图

农历初七、初八前后，月球被太阳照亮了一半，从地球的角度看过去，正好可以看到半个被照亮的月亮。因此这一天，太阳刚落山的时候月亮已经高挂在头顶，而且是个半圆形，半圆朝向日落的西方。

农历十五前后，月球和太阳分居地球两侧，月球被阳光照亮的一面正好完全对着地球。从地球的角度看，太阳落山时，一轮圆月正好从东方地平线升起，在太阳重新升起时，它刚刚落下。农历十五前后，月球整夜可见。

同样的道理，我们可以分析每一天看到的月球的样子、升起的大致时间和它在天空中的大致位置。这些规律，古代科学家就已经很好地掌握了。

古希腊科学家德谟克利特（公元前460—前370年）明确提出，月球自己并不会发光，而是依靠反射的阳光才显得明亮。我国古代科学家对于月相的研究也很多。《周髀算经》中有这样一段话："日兆（按：通照）月，月光乃生，故成明月。"西汉京房说得更为明确："先师以为日似弹丸，月似镜体；或以为月亦似弹丸，日照处则明，不照处则暗。"（《开元占经》卷一引）也就是说，中国古人也早已经知道月亮是个球体，太阳光照到的地方是明亮的，没有照到的地方是暗的，并用小球做了模拟实验，证明了这一天文现象。

对于不同日期的月相，人们起了不同的名字。农历初一叫作朔月或新月。

这一天看不到月亮。

农历初三、初四可见弯弯的月亮，像眉毛，也像金钩，它被称为蛾眉月。很多古代诗词中都描绘了这样的月亮。如"大漠沙如雪，燕山月似钩""无言独上西楼，月如钩"，等等。

农历初七、初八的月亮叫作上弦月，它的样子是个朝西的半圆。著名的歌曲《半个月亮爬上来》描绘的就是这种月相。

过了农历初八，月亮呈现出多半圆的状态，这种月相被称作凸月。

圆圆的月亮总出现在农历十五前后，最圆的月亮为望月，也称满月。为了方便，人们经常将农历十五的月亮等同于满月，月亮有时在十四圆，更多时在十六圆。描写望月，特别是中秋的艺术作品最多。如：

望月怀远

〔唐〕张九龄

海上生明月，天涯共此时。

情人怨遥夜，竟夕起相思！

灭烛怜光满，披衣觉露滋。

不堪盈手赠，还寝梦佳期。

望月过后，月相由圆到缺，再次进入凸月状态。

农历二十二、二十三前后，月亮接近半圆。与上弦月不同的是，此时的月亮下半夜才会升起，半圆面朝向东方。这种月相被称为下弦月。

农历二十六、二十七前后，月亮再次成为月牙，此时的月亮为残月。

农历二十九前后，月亮又不可见了，再次成为新月。

为了更好地掌握月相的规律，我们可以参考下面的月相变化歌。

《月相变化歌》

初一新月不可见，只缘身陷日地中，

初七初八上弦月，半轮圆月面朝西。

满月出在十五六，地球一肩挑日月，

二十二三下弦月，月面朝东下半夜。

此外，还有一个口诀可以方便我们记忆月相，那就是：上上上西西、下下下东东。其意思是：上弦月出现在农历月的上半月的上半夜，月面朝西，位于西半天空；下弦月出现在农历月的下半月的下半夜，月面朝东，位于东半天空。

掌握月相的变化规律，可以帮助我们判断大致的时间和方向。比如在夜空中看到左图中的月亮，我们大体可以进行如下判断。

此时天刚黑不久，天空中是蛾眉月，这一天大约是农历初三前后；月亮明亮的一面朝向右下方，那个方向大体为西；月亮就要落山了，此时的时间大约是19点。

对月相规律的认识反映了古代科学家的智慧。他们认真观察的态度、分析问题的方法是我们应该学习和掌握的。

图10.5　大漠沙如雪，燕山月似钩
（张益路 摄）

第11节 日食和月食

太阳是在地球上可以见到的最明亮的天体，只要它一升起，群星立刻暗淡无光。但是，太阳偶尔会在一段时间内被"蚕食"，甚至完全变成黑色，一时天色昏暗，鸟雀归巢，每当这种天象出现，古人就会无比恐慌。

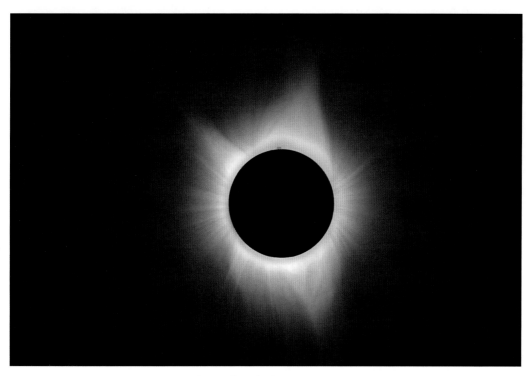

图11.1 2017年8月发生在美国的日全食（赵子涵 摄）

我知道这是日食，我还知道日食是月球挡住了太阳形成的。

知道日食的成因很重要，但是知道人类探索日食成因的过程更重要！

　　好奇心、求知欲是人类发展的不竭动力。人们很想知道日食的成因，但是早期的人类没有能力找到答案，于是编造了诸如"天狗食日"一类的解释；不过也有一些古代科学家经过认真的观察和深入的思考找到了答案。以下面观测到的事实为依据进行分析，说不定你也能像科学家一样，找到日食的成因呢！

　　经过长期的观察，古代科学家们已经得到了如下认识：

　　1. 日食总发生在农历初一这一天。

　　2. 发生日食的时候，太阳总是西边先有一小块变黑，然后逐渐向东移动。

　　3. 一个地区发生日食，另外的地区不一定发生日食，或发生日食的情况不同。比如有的地方看到的是日全食，有的地方看到的是日偏食，有的地方则根本看不到日食。

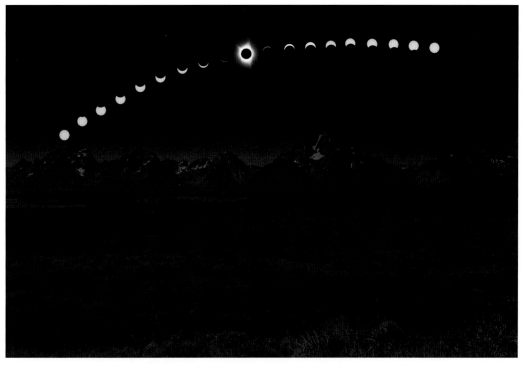

图 11.2　日食过程合成（赵梓彤 摄）

4. 有时日食发生的时候，太阳并不能完全被遮挡住，而是露出了一圈"金边"。

这些现象告诉了我们什么呢？

第一，日食并非传说中的"天狗食日"。且不说每次日食发生的时候，太阳残缺的轮廓都是规则圆形的一部分，不像狗咬的痕迹，只看上面的第三条事实我们就会发现，日食一定不是天狗吃太阳。因为天上只有一个太阳，如果天狗吃了它，所有地区的人都会看到日食，而不会出现有些地方的人能看到、有些地方的人看不到的现象，也不会出现有些地方看到日全食、有些地方看不到日全食的现象。

第二，日食也不是太阳本身的形状或明暗发生了变化，否则也不会出现不同地区的人们，有些看得到日食、有些看不到日食的情况。

第三，一定是什么挡住了太阳，让我们看到了日食这种现象，因为当物体被挡住时，从不同的角度观察，它可能没有被挡住或只被挡住了一部分。

第四，这个挡住太阳的物体应该看起来形状、大小和太阳非常接近；它应当总在农历初一运行到太阳和地球之间的位置；它运行的方向总是自西向东。

经过上面的分析，科学家准确地判断出这个挡住太阳的物体就是月球。因为在我们看来，它是唯一大小和形状都非常接近太阳的天体；它在农历初一会运行到地球和太阳之间；在我们看来，它是唯一在天空中有规律地自西向东运行的天体。

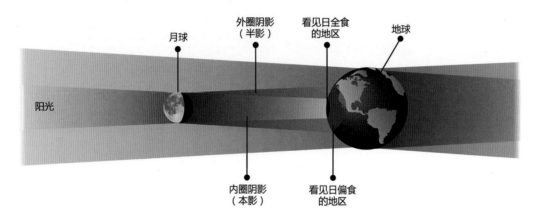

图11.3　日全食成因示意图

通过前面的学习我们知道，月球每到朔日（农历初一）都会转到地球与太阳之间，但是因为月球运行的轨道（白道）与地球围绕太阳运转的公转面有一个倾斜角度，所以并不是每到农历初一都会发生日食。不过当月球刚好运行到黄道这一平面，同时又是农历初一，那便会出现日食。

那么，为什么比地球还小的月球能够遮挡住硕大的太阳呢？原来相对于两个天体的真实大小，视觉大小更为重要，我们知道，太阳的直径大约是月球直径的400倍，但是，太阳与地球的距离也恰好是月球与地球距离的400倍左右。因此，在我们看来，在视觉上太阳和月球的大小几乎是一样的。

月球因其轨道为椭圆形而使它距地球有远有近，所以它看起来时大时小，大时它可以将太阳完全遮住，发生日全食；小时它就只能遮住太阳中间，发生日环食了。

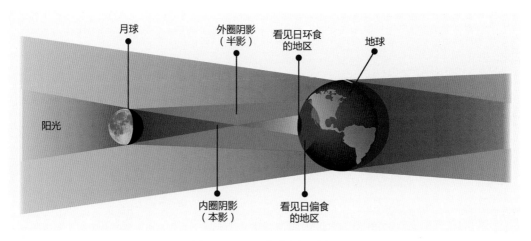

图11.4　日环食成因示意图

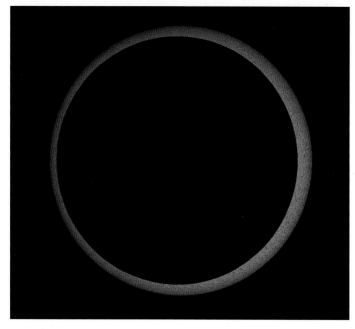

图11.5　发生在我国境内的日环食

太阳光被月球遮蔽形成的影子，在地球上可分成本影、伪本影（月球距地球较远时形成的）和半影。观测者处于本影范围内可看到日全食，在伪本影范围内可看到日环食，而在半影范围内只能看到日偏食。

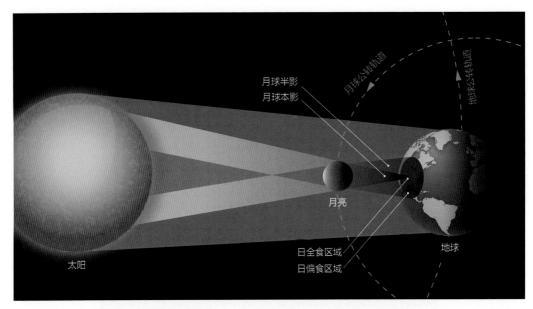

图11.6　日食—日全食—日偏食的成因和原理

日全食发生时，根据月球圆面同太阳圆面的位置关系，可分成五种食象：

1. 初亏——月球比太阳的视运动走得快。日食时月球追上太阳。月球东边缘刚刚同太阳西边缘相"接触"时叫作初亏，是第一次"外切"，是日食的开始。

2. 食既——初亏后大约一小时，月球的东边缘和太阳的东边缘相"内切"的时刻叫作食既，是日全食（或日环食）的开始，对日全食来说这时月球把整个太阳都遮住了，对日环食来说这时太阳开始形成一个环；日食过程中，月亮阴影与太阳圆面第一次内切时二者之间的位置关系，也指发生这种位置关系的时刻。

食既发生在初亏之后。从初亏开始，月亮继续向东运行，太阳圆面被月亮遮掩的部分逐渐增大，阳光的强度与热度显著下降。

3. 食甚——是太阳被食最深的时刻，月球中心移到同太阳中心距离最近；日偏食过程中，太阳被月亮遮盖最多时，两者之间的位置关系；日全食与日环食过程中，太阳被月亮全部遮盖而两个中心距离最近时，两者之间的位置关系。也指发生上述位置关系的时刻。

4. 生光——月球西边缘和太阳西边缘相"内切"的时刻叫生光，是日全食的结束；从食既到生光一般只有两三分钟，最长不超过七分半钟。

对于日食，食甚后，月亮相对太阳继续往东移动。

5. 复圆——生光后大约一小时，月球西边缘和太阳东边缘相"接触"时叫作复圆，从这时起月球完全"脱离"太阳，日食结束。

日全食与日环食都有上述5个过程，而日偏食只有初亏、食甚、复圆3个过程，没有食既、生光。

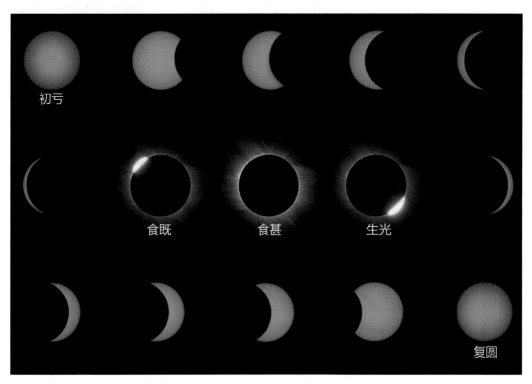

图11.7　日全食—日食的全过程——初亏、食既、食甚、生光、复圆

月球表面有许多高山，月球边缘是不整齐的。在食既或者生光到来的瞬间，月球边缘的山谷未能完全遮住太阳时，未遮住部分形成一个发光区，像一颗晶莹的钻石；周围淡红色的光圈构成钻戒的"指环"，整体看来，很像一枚镶嵌着璀璨宝石的钻戒，叫"钻石环"。有时发光区形成许多特别明亮的光线或光点，好像在太阳周围镶嵌一串珍珠，称作"贝利珠"（贝利是法国天文学家）。

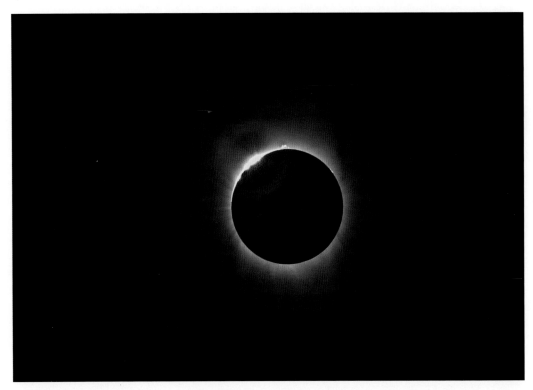

图11.8　钻石环（江　珉　摄）

在三类日食中，人们最关注的是日全食。日全食之所以受重视，主要是因为它的天文观测价值巨大。月球会让原本刺眼的太阳暗下来，让原本不易观察的日冕层显露出来。科学史上有许多重大的天文学和物理学发现都是利用日全食的机会得出的，而且也只有通过这种机会才行。最著名的例子是1919年的一次日全食，证实了爱因斯坦广义相对论的正确性。爱因斯坦在1915年发表了在当时看来极其难懂、也极其难以置信的广义相对论，这种理论预言光线在巨大的引力场中会拐弯。人类能接触到的最强的引力场就是太阳，可是太阳本身发出很强的光，远处的微弱星光在经过太阳附近时是不是拐弯了，根本看不出来。但如果发生日全食，挡住太阳光，就可以测量出光线拐没拐弯、拐了多大的弯。机会在1919年出现了，但日全食带在南大西洋上，很遥远。英国天文学家爱丁顿带着一支充满热情和好奇心的观测队出发了。观测结果与爱因斯坦事先计算的结果十分吻合，从此相对论得到了世人的承认。

除了在专业研究领域以外，日全食在业余天文观测中也非常有价值。例如大部分人从未见过水星，因为它离太阳太近，被太阳的光辉所掩盖。日全食发生时，是观测水星的好时机。另外在日全食的时候，如果天气晴朗，还有可能看到这个季节看不到的亮星。如果日全食发生在夏季，可以看到冬季星空中的亮星；如果发生在春季，可以看到秋季星空中的亮星。

观测日全食一定要注意安全。除非在全食阶段，否则一定不要直接看太阳，刺眼的阳光会损伤视力，甚至引起失明。即使采取了防护措施，如果方法不当也不安全。普通墨镜根本无法阻挡强烈的阳光，一些人用彩色胶卷片头、X光片自制滤光片的做法也是不安全的。观赏日食要用专用的滤光片，比如前面讲过的巴德膜。

了解了日食的成因，月食的成因也就很容易理解了。月食总发生在"望月"前后，发生月食的时候，遮住月球的阴影总是由东向西移动。从月球被遮挡的阴影轮廓看，这个天体也是个球体，而且直径大约是月球直径的4倍。这些事实又告诉了我们哪些有用的信息呢？

月食总发生在望月，这一天，日、月分居地球的两侧，地球在中间，最有可能挡住射向月球的阳光；月球有东移现象，因此一定是东边先进入阴影；月球直径约为地球的1/4，这也与我们看到的月面被遮挡的轮廓完全一致！综上所述，月食的形成是因为当地球运行到了日、月之间，三个天体处于同一条直线上时，地球挡住了射向月球的阳光而形成的。

2011年12月10日月全食照片

李建基 拍摄

复圆

生光大半

生光开始

食甚

月食小半

初亏开始

拍摄地点：广州

拍摄相机：索尼A700

镜头焦距：500毫米

图11.9 月全食照片

有个问题我不明白，为什么月全食的时候月亮不是黑色而是红色的呢?

因为地球有大气层，将部分阳光折射到了月球上。大气中的颗粒阻挡了光线通过，而红光穿透力最强，照射到了月面上，所以全食阶段我们看到的是红色的月亮。

因为地球的影子比月球大得多，所以月全食持续的时间要比日全食持续的时间长得多，而且不会出现月环食，地球的影子要么完全遮住月球发生月全食，要么只遮住部分月球发生月偏食。

日食和月食都是著名的天象奇观，就同一个地区而言，看到日食、月食的概率都不大，但是就地球整体而言，看到日食的机会还是不少的。在交通发达的今天，到异地甚至是出国看日食月食已经不是难事。希望有机会，大家都能去观赏一次壮丽的日食或月食！

第12节　恒星、行星和卫星

　　晴朗的夜空，繁星点点，像黑天鹅绒的帷幔镶嵌着一颗颗的钻石，又像是一群萤火虫飞散到了天上，融入了太空。

图12.1　长城上的冬夜星空

　　星星的种类虽然很多，不过最常见的有恒星、行星和卫星三大类。人们发现，星星虽然很多，它们每天也在不停地"运动"，但是绝大多数的位置是相对固定的。例如几千年前的冬天，猎户座出现在正南方向的夜空中，几千年后的冬天它依然在那里；几千年前的北斗七星像一把大勺子挂在高空中，几千年后的它依然像一把大勺子。因为它们的相对位置恒定不动，所以它们得到了这个形象的名字——恒星。太阳是距离地球最近的恒星。

一、恒星

恒星的相对位置确实非常固定，如果没有先进的设备，就是穷极一生的时间，也无法观察到它们相对位置的变化，从这个角度看，"恒星"这个名字恰如其分。

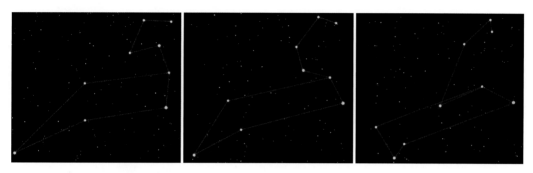

图12.2　5万年前、现在和5万年后的狮子座

现代科学早已证明，恒星也是运动的。利用科学仪器观察和精确计算，科学家们描述了10万年前、现在和10万年后的北斗七星。

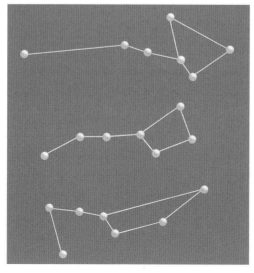

图12.3　20万年里北斗七星的位置变化（10万年前，现在，10万年后）

恒星运行得真慢哪!

这只是我们看到的现象,恒星的运动其实非常快!

我们可以通过下面简单的实验来理解这个问题。

实 践1

请你观察近处驶过的车辆,你感觉它的速度怎样?再观察远处行驶的车辆,你感觉它的速度怎样?你看到过高空中的飞机吗?它的速度在我们看来又是怎样的?

飞机的速度当然要比汽车快得多,但是,由于它距离我们远,它的速度看起来就不那么迅速了。而汽车因为离我们较近,所以感觉上好像更快一些,而且离我们越近,感觉越快。

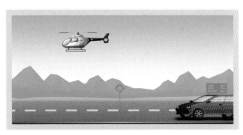

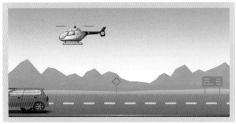

图12.4　飞机与汽车速度对比

实　践2

请两个步伐大致相同的同学分别站在你前方1米远和5米远的地方，听到口令后尽量用同样的速度在你面前平行走过，你发现什么了吗？

我们会发现离我们近的同学很快移动了很大一个角度，而离我们远的同学移动的角度并不大。

由此可见，在我们眼中，移动速度的快慢不仅与物体本身的移动速度有关，距离也是一个非常重要的因素。距离我们近的，我们会感觉移动很快；距离我们远的，我们会觉得移动得慢一些。

在地球上，我们衡量距离用的单位一般是千米，可是恒星离我们太远了，千米就不太实用了，于是，天文学家使用了另一个距离单位来代替千米。在太空中，光以30万千米/秒的速度传播，一光年就是光在一年中所走的距离，约为$9.46×10^{12}$千米。光年是一个距离单位，而不是时间单位。

实　践 3

离太阳系最近的恒星要数半人马座的比邻星了，它距离我们约4.3光年。请你算算，比邻星距离太阳多少千米？

大约$4.058×10^{13}$千米！这个距离对于我们而言遥不可及，但在茫茫宇宙中它就显得微不足道了。根据观测得到的结果，已知最远的恒星距离我们约132亿光年！

由于距离的不同，在我们眼中，恒星的运动速度也是有差异的。例如我们最熟悉的北极星，由于它距离我们比较近（400光年左右），4000年前的位置与现在的位置就有很大的差异。很多年前，北极星并不在北极的位置。那时，充当北极星的是天龙座的"右枢"，而明亮的织女星，将来也会代替北极星出现在北极的位置上。不过，在我们有生之年，是看不出它们的位置变化的。我们能够看到位置变化的星一定离我们更近。比如巴纳德星，它离我们约6光年，因此早在1916年，美国天文学家爱德华·爱默生·巴纳德测量出它的自行为每年10.3角秒，是已知相对太阳自行最大的恒星。为纪念巴纳德的发现，人们后来称这颗恒星为巴纳德星。

二、行星

因为恒星也在运动，现在我们需要重新给行星下定义了。科学家们发现，恒星共同的特征就是它们都像太阳那样能够发光发热。

与恒星相比，行星的运动就明显多了。人们很早以前就发现了行星相对星空背景的移动。远古时代，人们就对肉眼可见的五颗行星（金木水火土）非常熟悉了，它们对神学、宗教和古代天文学都有着重要的影响。古希腊人把这些光点叫作"πλάνητες ἀστέρες"（即 planetes asteres，游星）或简单地称为"πλανήτοι"（planētoi，漫游者），今天的英文名称行星（planet）就是由此演化来的。

随着天文学的发展，人们对行星有了更清晰的认识，于是更新了行星的定义。行星被认为是自身不发光，环绕着恒星公转的天体。一般来说，行星的质量要足够大且近似于圆球状。

除肉眼可见的五颗行星以外，人们又陆续发现了天王星、海王星。在1930 年，天文学家又发现了一颗遥远的、暗弱的行星——冥王星。冥王星刚被发现时，它的体积被认为有地球的数倍之大。很快，冥王星作为太阳系第九大行星被写入教科书。但是随着时间的推移和天文观测技术的不断升级，人们越来越发现当时的估计是一个重大"失误"，因为冥王星的体积要远远小于当初的估计。经过近30年的进一步观测和计算，得出冥王星的真实直径只有2300千米，比月球还要小。

图12.5 IAU大会上，天文学家们对冥王星是否属于行星进行表决（本图来源于网络）

图 12.6　被降级的冥王星（刁蕙婕 绘）

进入 21 世纪，天文望远镜技术的进步使人们能够进一步对海王星以外的天体有更深的了解。在最近 10 年中，越来越多的类似冥王星的天体被发现，有的甚至比冥王星还要大，人们不得不重新审视冥王星的地位。2006 年 8 月 24 日的国际天文学联合会以绝对多数通过决议将冥王星降级，冥王星从此被视为太阳系的"矮行星"，不再被视为行星。

矮行星是指那些轨道在海王星之外、围绕太阳运转、周期在 200 年以上的行星。冥王星、"卡戎"和"2003UB313"（齐娜/阋神）都属于矮行星。天文学家认为，矮行星的轨道通常不是接近规则的圆形，而是比较长的椭圆形。

目前科学界认为，行星应具备以下条件：

1. 必须是围绕恒星运转的天体；

2. 质量必须足够大，近似于球体，质量不够的被称为小行星；

3. 必须清除轨道附近区域，公转轨道范围内不能有比它更大的天体。

尽管冥王星的降级已成定局，但是，也有科学家认为它不应该被降级，甚至有一些科学家一直在呼吁恢复冥王星的行星"身份"。

无论人们认为冥王星是行星还是矮行星，都是人们根据不同的定义作出的判断。科学在不断进步，人们的认识也在不断更新发展。

三、卫星

就像行星围绕恒星转动一样，在行星周围，也有一些天体在围绕它们转动（如月球围绕地球转动），围绕行星运转的天体叫作卫星。月球是地球唯一一颗天然卫星。

在太阳系里，除水星和金星外，其他行星都有天然卫星。我们已知的太阳系至少有160颗天然卫星（包括构成行星环的较大的碎块）。木星的天然卫星最多，其中63颗已得到确认，至少有6颗尚待证实。土星的天然卫星数量仅次于木星，已知有62颗。天然卫星的大小不一，彼此差别很大。其中一些直径只有几千米大，例如火星的两个小"月亮"，还有木星、土星、天王星外围的一些卫星。有几个却比水星还大，太阳系内最大的卫星（超过3000千米）包括地球的卫星月球，木星的伽利略卫星木卫一（埃欧）、木卫二（欧罗巴）、木卫三（盖尼米德）、木卫四（卡利斯多），土星的卫星土卫六（泰坦），以及海王星捕获的卫星海卫一（特里同）。卫星虽然看起来级别比较低，但是有些卫星上有水和大气存在，甚至有些卫星被认为有可能存在外星生命！不过截至目前，这些还都是推测。

实 践 4

请你根据本课学到的内容，从能否发光、物质组成、自转、公转、大小等方面列一个表格比较一下恒星、行星、卫星。

第13节 太阳系

我们已经知道，地球是围绕着太阳公转的一颗行星，月球是围绕地球转动的一颗卫星。还有很多天体也围绕太阳公转。它们和周边天体共同构成了一个独立的天体系统——太阳系。

图13.1 太阳系示意图

太阳系以太阳为中心，包括围绕它运转的行星及其卫星、矮行星、小行星、彗星、流星体和行星际物质等。目前已知有8颗行星、至少160颗卫星，若干颗矮行星（存在争议）和不计其数的太阳系小天体。这些小天体包括小行星、柯伊伯带的天体、彗星和星际尘埃。

如果下面的大方块代表太阳系全部天体的质量的话，太阳的质量能够占几个小方格呢？请你猜一猜。

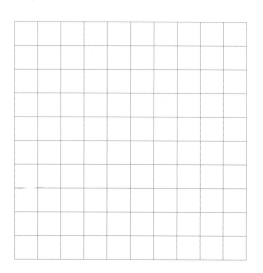

我们可以把其中2个小方格涂上阴影，不要以为这2个小方格表示的是太阳的质量，太阳的质量至少占据太阳系的98%，所以另外98个没涂阴影的小方格才是太阳的质量，它是太阳系当之无愧的主宰。

除太阳之外，太阳系的质量主要集中在行星上。图13.2是太阳系八颗行星按照真实大小比例绘制的对比图，请你将它们按照体积的大小排一排队。

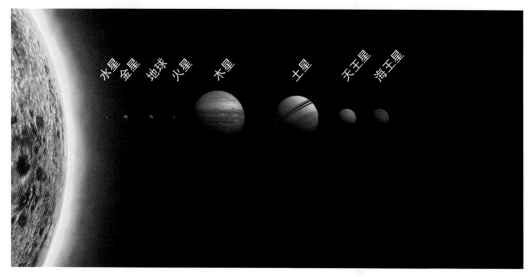

图13.2　八颗行星

按照从大到小的顺序排列，八颗行星依次为：

木星、土星、天王星、海王星、地球、金星、火星、水星。

实　践

在地上画一个直径2.32米的大圆表示太阳的大小，找一些瓜果和种子摆在里面表示八颗行星。应该选择哪些瓜果和种子？每种瓜果的直径是多少才更合适？

（1）按照数据大小，计算各行星之间的大小比例，选择合适的瓜果和种子代表八大行星；

（2）找一块宽阔的空地，画好一个直径2.32米的大圆代表太阳，按照八大行星顺序将各种瓜果、种子摆成一条线，体验八大行星大小之间的差距。

可以参考表13.1中的数据。

表13.1　太阳系主要天体概况

天体	赤道半径（km）	轨道半径（AU）	轨道倾角（度）	赤道倾角（度）	公转周期	自转周期
太阳	696000	—	—	7.25	约22600万年（绕银河系）	25.38天（赤道）/37.01天（南北两极）
水星	2440	0.3871	7.005	-0.1	88天	59天
金星	6052	0.7233	3.395	177.4	225天	243天
地球	6378	1.0000	0.000	23.44	365天	24小时
火星	3397	1.5237	1.850	25.19	686.98天	24小时37分钟

天体	赤道半径（km）	轨道半径（AU）	轨道倾角（度）	赤道倾角（度）	公转周期	自转周期
木星	71492	5.2028	1.303	3.08	11.86年	9小时50分钟
土星	60268	9.5549	2.489	26.7	29.46年	10小时14分钟
天王星	25559	19.2184	0.773	97.9	84.32年	24小时
海王星	24764	30.1104	1.770	27.8	164.8年	16小时06分钟

在一些人的认识中，太阳和八颗行星似乎就是太阳系的主体。从质量的角度看这具有一定的道理，但是从空间尺度的角度讲，它们只是太阳系中很小的一部分。太阳系是个大家族，除了八大行星外，还包括很多小天体，如彗星、小行星、矮行星等。

思　考

　　假设地球的公转轨道是一个半径为1米的圆，整个太阳系又会是个半径多大的圆呢？半径是几米、几十米、几百米，还是更大？

（1）以冥王星轨道为太阳系边界，这个圆直径约为40米（40个天文单位①）。

（2）以彗星起源假说中的柯伊伯彗星带为太阳系边界，这个圆的直径为50~1000米（50~1000个天文单位）；以奥尔特云（Oort Cloud）为太阳系边界，它的直径是10万米以上。

（3）以太阳风层顶为太阳系边界，这个圆的直径为100~160米。

（4）以理论计算得到的太阳系引力范围为边界，这个圆的直径为15万~23

---

① 1天文单位等于149597870千米。

125

万米。

通过上面的活动我们会发现，太阳系比我们想象的大得多，不过，这些天体都是相互关联的，而且它们之间的距离相对太阳系外其他天体而言（最近的也要4.3光年①），还是很近的，因此，它们都属于同一个天体系统。目前，人类的探测器还没有飞到太阳系的边缘，太阳系还有很多未知的秘密等待人们去探索发现。

1. 什么是柯伊伯带

柯伊伯带在距离太阳约30天文单位的海王星轨道外，位于太阳系黄道面附近，是天体密集的中空圆盘状区域。柯伊伯带的假说最初由爱尔兰裔天文学家艾吉沃斯提出，荷兰裔美国天文学家杰拉德·柯伊伯（GPK）发展了该观点，提出在太阳系边缘存在一个由冰物质运行的带状区域，为了纪念柯伊伯的发现，这个区域被命名为"柯伊伯带"。

2. 什么是奥尔特云

1950年，荷兰天文学家简·奥尔特推断，在太阳系外沿有大量彗星，后来被称为奥尔特云，又译欧特云，里面布满了很多不活跃的彗星，是一个假设的包围着太阳系的球体云团，天文学家普遍认为奥尔特云是50亿年前形成太阳及其行星的星云残余物质，并包围着太阳系。奥尔特云就像是彗星的主要"故乡"，如今一般把奥尔特云的距离定在约15万天文单位处，大体上是冥王星距离的4000倍。

---

① 1光年约为$9.46×10^{12}$千米。

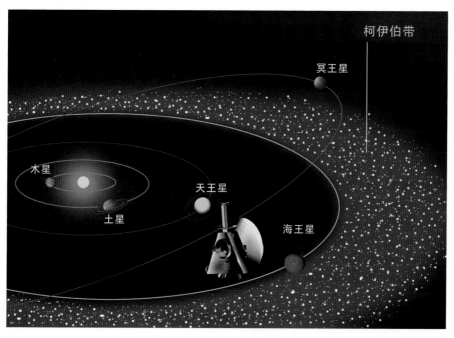

图 13.3　柯伊伯带

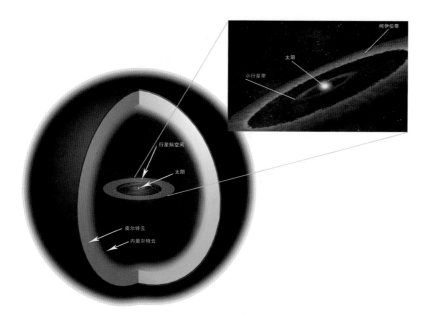

图 13.4　奥尔特云

第14节 小行星和彗星

在太阳系中，有不少天体围绕太阳运转。其中，最惹人注目的就是个体巨大的八颗行星和围绕着它们公转的卫星了。可是在进行各行星之间的距离测定以后，火星和木星轨道之间的一个巨大间隙引起了天文学家的注意。

一、小行星

1. 小行星的发现

关于小行星的发现还有一个有趣的故事。1772年，德国天文学家波得在他的著作《星空研究指南》中总结并发表了由提丢斯（德国物理学家）在六年前提出的一条关于太阳系行星距离的定则。这条定则被称为"提丢斯–波得定则"，其内容是：取0、3、6、12、24、48……（大于3的情况下，后一个数是前一个的2倍）这样一个数列，每个数字加上4再除以10，就是各个行星到太阳距离的近似值。在那时，已为人所知的四颗行星与太阳的实际距离与定则的计算几乎完全吻合。

水星到太阳的距离为：（0+4）/10=0.4 天文单位

金星到太阳的距离为：（3+4）/10=0.7 天文单位

地球到太阳的距离为：（6+4）/10=1.0 天文单位

火星到太阳的距离为：（12+4）/10=1.6 天文单位

算一算

按照提丢斯–波得定则，后面几颗行星与太阳的距离分别大约是多少个天文单位？

木星到太阳的距离为：_____

土星到太阳的距离为：_____

天王星到太阳的距离为：_____

海王星到太阳的距离为：_____

按提丢斯-波得定则计算，我们会发现火星之后的行星位置应该为（24+4）/10=2.8天文单位。但是木星并不在那里，木星的位置与下一个数字的计算结果吻合：（48+4）/10=5.2天文单位。之后的土星，位置跟在木星之后也符合定则，也就是（96+4）/10=10天文单位。在火星与木星之间，出现了一个断档，人们对此有很多不同的想法：

1. 这个定则没有参考价值，对应上的数字纯属巧合。

2. 定则符合现实，在断档的位置上应该有一颗行星，但是我们没有发现。

3. 定则有一定的参考价值，不过在一些位置上会有例外情况出现。

4. 无论定则是否合理，我们都要在计算出的位置附近进行观察，力求有所发现。

时任德国柏林天文台台长的波得，相信火星、木星轨道之间有其他行星的存在，他向天文学家们呼吁，希望大家一起来寻找这颗"丢失的行星"。当然，大家的热情也很高，立刻响应号召开始了大搜索。但好几年过去了，什么结果也没有发现。在1781年，正当人们感到灰心而准备放弃时，英国天文学家赫歇尔宣布，他在无意中发现了太阳系的第七大行星——天王星。令人惊讶的是，天王星与太阳的平均距离是19.2天文单位，用提丢斯－波得定则推算结果是（192+4）/10=19.6天文单位，符合得真是好极了！就这样，大家的积极性再次被调动起来，所有人都对定则完全相信了。大家一致认为，在2.8天文单位处，一定还存在一颗大行星，正等待着人们去发现。

很快，十多年时间过去了，大行星还是没有露面。直到1801年，意大利天文学家皮亚齐（Piazzi）在西西里巴勒莫的一座小天文台上，从巨大的空隙中发现了一颗小行星，并取名谷神星。经过计算，它与太阳的距离是2.77天文单位，与2.8极为近似，并且让人惊讶的是，它非常小，直径只有950千米，实在不能与其他大行星相提并论。在这颗新行星被发现后，在谷神星还未完成一周公转的时间里，德国不来梅的医生奥尔伯（Olbers）利用闲暇时间进行天文观测时，竟然发现了与谷神星在同一天区内运转的另一颗小行星。在接下来的3年中，人们又陆续发现了2颗小行星。此时，人们一共发现了4颗小行星。这样过了大约40年，在1845年，德国观测者亨克（Hencke）发现了第5颗小行星，第二年又发现了第6颗。于是，开始了一连串小行星的发现。经过多年累积，截至目前，人们发现在位于距离太阳约2.17~3.64天文单位的空间区域内，介于火星和木星轨道之间，聚集了大约70万颗以上的小行星，由于这是小行星最密集的区域，因此被称为主带，通常称为小行星带。这么多小行星能够被凝聚在小行星带中，除了太阳引力的作用以外，木星的引力起着更大的作用。

2. 小行星的来历

关于小行星的来历，众说纷纭：大行星破碎说认为火星与木星之间原来有颗大行星，后来爆炸了，小行星带就是大行星爆炸后的碎片。可是，这个假设中的大行星为什么会爆炸？能量从何而来？这个问题一直没有合理的解释。并且从这些小行星的特征来看，它们的物质构成十分复杂，并不像是曾经集结在一起。另外，小行星带内的所有小行星的质量之和比月球的质量还要小，远远够不上一颗大行星应该具有的质量，这些方面否定了大行星破碎说。另一种碰撞说假定现在小行星带所占的空间中，原来存在5~10个与谷神星大小不相上下的"行星"，由于不断地碰撞而形成了大量碎片。

还有一种学说被广泛接受，按照太阳系形成假说，太阳系是在一大团气体云中诞生的，气体云中的物质凝聚起来，最大的部分形成了太阳，周边的物质形成了大行星，还有一些细碎的物质形成了小行星。木星是一颗很大的行星，在形成过程中，其质量迅速增长，把周围的物质都吸收过来，这样就阻碍了它身边的另一颗行星的形成。另一颗行星本来应该在现在的小行星带中，它也形成了一些物质碎块，这些物质碎块在木星引力的影响下，无法凝结成一个整体，并且被驱赶着离开原来的位置，离开小行星带的小行星，除了向太阳系内侧迁移，它们还有另一条路，那就是向太阳系外侧迁移。但是土星的强大引力不会让它们继续向前，而会让它们再回到太阳系的内侧。在以后的演化中，这些物质碎块中较重的化学元素会沉积在中心，然后在互相碰撞的过程中不断分离，于是就有了不同的物质组成。

3. 猎取小行星

直到1890年，小行星都是被少数观测者发现的。他们像猎手捕猎一样，有意去猎捕这些小行星。他们先设置一个陷阱，即把黄道附近的天空小块天区的星星画出来，然后出现一颗行星就"抓"住它。

在1890年以后，人们发现摄影术是找到这些行星更容易更有效的方法。天文学家把望远镜对准天空，开动定时装置，用较长的曝光时间（如半小时）为星星摄影。如果是恒星，那么就会在底片上呈现小圆点。如果是行星，就一定会有运动，它在底片上呈现出来的就是一条直线而不是一个圆点。天文学家不用再搜索天空，只需要看照片就可以发现行星。德国海德堡的沃尔夫（Max Wolf）用这个方法找到了500多颗小行星。

最新发现的小行星大多数都是极暗弱的，而且数目也随着暗弱的程度不断

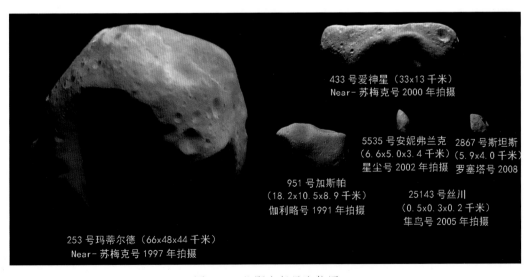

图14.1　几颗小行星比较图

增长，暗弱的小行星数目比亮的多得多。这些行星非常小，就连最大的谷神星的直径也只有950千米，只有约12颗行星的直径超过了160千米，最小的直径大概只有32~48千米。

4. 小行星的命名、编号与分类

小行星是各类天体中唯一可以根据发现者意愿进行提名，并经国际组织审核批准从而得到国际公认的天体。早期，人们喜欢用女神的名字来命名，后来改用人名、地名、花名乃至机构名的首字母缩写词来命名。小行星的名字由两部分组成：前面一部分是一个永久编号，后面一部分是一个名字。小行星的发现是个漫长而谨慎的过程。天文专家们观测到一颗小行星后，不能马上确定它是否是一颗新的行星，或者它是否被别人发现过，这时就先给它一个临时编号。这颗小行星在不同的夜晚被观测到并报告给国际小行星中心，在确认它是新的小行星后，它会得到国际统一格式的"暂定编号"。这颗小行星在至少4次回归中被观测到，并且它的运行轨道被精确确定后，国际小行星中心将给它一个永久编号。至此，小行星才算发现成功，这个过程动辄数年之久。

我国第一次发现小行星是在1928年。中国科学院紫金山天文台对小行星的观测是从1949年开始的。到1994年4月，已发现的小行星中有120多颗获得国际永久编号和命名权。在全球62个天文台中，紫金山天文台发现的被列入永久编号的小行星数量名列第五。现在，天空中除了有"中华星"外，还有100多颗由中国杰出人物、中国地名和中国著名单位命名的小行星。

5. 小行星撞地球

截至2011年9月，已经发现的中等体积大小的近地小行星数量约为19500颗。其中有500多颗小行星的直径超过1千米。近地小行星如此之多，如果它们中的任意一颗撞击地球，将给人类带来毁灭性的灾难。那么，小行星撞击地球的可能性有多大呢？科学家们测算，平均几千万年发生一次灭绝人类的撞击，平均每十万年发生一次危及全球1/4人口生命的撞击，平均每100年发生一次大爆炸。幸好月亮和木星作为地球的天然保护伞，阻止了许多小行星、小天体接近地球。

思　考

　　月球和木星是如何保护地球免受小行星撞击的？如果出现小行星撞击地球的危险，我们该如何应对？

　　世界各国对小行星的防范工作包括建立空间监测搜索网、寻找未发现的近地小天体、测定这些天体的精确运行轨道等。科学家们提出了一系列方法，试图解决这个棘手的问题，最终筛选出三个被相对认可的方式，但令人担忧的是，它们都无法完全有效地解决问题。有科学家提出先大规模地撞击，再用小推力来微调小行星的轨迹。2005年，NASA的"深度撞击"任务就曾用一大块铜成功地重击过坦普尔1号彗星（Tempel 1）。但科学家担心：小行星也许只是一些松散相连的碎石，有可能在撞击中破碎而轨道并不会发生很大改变，这样一来，出现的大量小行星碎块可能更难对付。也有科学家提出使用牵引机，通过引力牵引修正天体的飞行轨道。由于小行星们在太阳系中以10万公里/秒的速度飞驰，所以只需要很小的推力就可以改变它的轨道。但是，飞船必须非常靠近小行星，而且要保证完全掌握其运行轨道。在发现可能对地球构成威胁的小行星后，必须在预定碰撞时间至少20年前发射引力牵引机，以保证有足够的时间对小行星产生引力作用。因此，对于紧急发现的具有威胁的小行星，此种方法是无效的。这种情况下，核爆被认为是最能救急的方式，也被科学家认为是唯一技术上和经济上都可行的方案。这主要是因为，在太空环境中爆炸的核弹其能量主要以X-射线形式释放，这些X-射线将加热小行星的表面使其汽化，随着这些气体和碎片飞离小行星，其反作用力将使小行星获得相反方向的冲量。这种方式虽然快捷，但也有风险，它仍可能使小行星分裂，而其中一个或多个小块仍有可能撞击到地球，由于撞击点分散在地球的不同区域，甚至可能导致更大的灾难。

除了提出方案，一些国家和地区已拟订了具体计划。如欧洲拟于数年内为地球建造预防小行星撞击的"近地轨道防护盾"，通过导弹炸毁、引力牵引和主动碰撞等多种手段，防范近地小行星撞击地球。如果资金能得到保障，该计划有望在2020年前正式实施。我国中科院紫金山天文台盱眙观测站近地天体望远镜系统被称为亚洲最大的"地球哨兵"，是我国目前近地天体探测领域里探测能力最强、效率最高、性能最好的望远镜。

6. 小行星的价值

　　虽然小行星可能会给地球带来灾难，不过它们落在地球上并非没有好处。由于小行星是早期太阳系的遗留物质，科学家们对其成分十分感兴趣。小行星保留了太阳系形成初期的原始状况，对于研究太阳系的起源具有重大价值。例如，通过对小行星轨道的研究，可以测定一些天文常数，研究太阳系的结构和演化。还有些科学家推测，它们带来了矿物、水，甚至就是它们把生命的种子带到了地球。当然，这一切都有待于进一步的研究。

二、彗星

　　太阳系是个和谐的大家庭，行星、卫星甚至小行星都在有秩序地围绕着"家族的首领"太阳运转。日复一日，年复一年，大部分家庭成员都规规矩矩地待在自己的轨道上。但是，太阳系中也有一种"不安分"的天体，它们经常穿行于其他天体的轨道之间，有些甚至会"离家出走"，永远离开太阳系。

我知道它是彗星！

图 14.2　2007 年出现在南半球的麦克诺特彗星

　　观察上面彗星的照片，说说彗星是由哪几部分构成的。

　　一般彗星由彗头和彗尾组成。彗头包括我们所看见的一颗星状物，叫作彗星的核——彗核，包围核的是云雾状的模糊的彗发。彗星展开的部分叫彗尾，它长短不一，各具特色。有的小彗星的尾部小得几乎可以忽略，而大彗星的尾部却可以占据天穹的大部分。离彗星头部越近的部分越窄越亮，离头部越远就越散。彗星的亮度也存在极大的不同，有些较亮的会发出夺目的光彩，有些暗淡得几乎连肉眼都无法看见。有的还有彗云，但并不是所有的彗星都有彗核、彗发、彗尾等结构。我国古代对彗星的形态已有研究，在长沙马王堆西汉古墓出土的帛书上就画有29幅彗星图。《晋书·天文志》中已清楚地说明彗星不会发光，而是因为反射太阳光才为我们所见，且彗尾的方向背向太阳。

思 考

为什么彗尾总是背向太阳呢？

1. 彗星的构成

经过不断的研究，人们知道彗星主要由水、氨、甲烷、氰、氮、二氧化碳等物质组成，而彗核则由凝结成冰的水、二氧化碳（干冰）、氨和尘埃微粒混杂组成，是个名副其实的"脏雪球"。二氧化碳、氨和甲烷等是具有挥发性的化学物质，形成于远离太阳的地方，因为那里温度足够低，使这些化合物能够存在。彗星的轨道很长，周期范围可以从几年到几百万年，要几十年甚至上千年才会靠近太

图14.3 哈雷彗星的彗核

阳一次。当离太阳很远时，彗星体积很小，也没有彗发和彗尾；当离太阳够近时，彗星的冰会升华变成气体，与尘埃一起散发成为彗发；在太阳风等离子的作用下，会把彗发吹成长长的一条带，这就是彗尾。当用望远镜细心观测一颗明亮的彗星时，有时可以见到蒸汽缓缓从彗星的头部向上升，之后再展开，离开彗头，构成尾部。它的尾部不像动物拖带的尾巴一样，而是类似烟囱里冒出的烟流，它由灰尘微粒组成，从彗核中被驱赶出来。因此，彗星的尾部总是与太阳的方向相反。现在你能知道为什么彗尾总是背向太阳了吧。

2. 彗星的来历

很多科学家假设彗星是从恒星间广漠的空间来到太阳系的，但这种假设并没有被大多数天文学家所认同。荷兰天文学家奥尔特在1950年提出了一个著名的假设：在太阳周围存在着一个巨大的星云团——奥尔特云（Oort Cloud），它是一个彗星库，里面存有上亿个很小的固体状彗星核。在过往恒星的引力作用下，奥尔特云就向太阳系内部喷射彗星。不过，虽然奥尔特的假设得到很多天文学家的认可，但这种假设是否完全正确，目前还不得而知。

3. 认识彗星的历程

人类认识彗星，经历了漫长的历程。或许是因为彗星行踪诡异、变幻无常。在古代，彗星被视为灾星。由于彗星拖着一条长长的尾巴，很像一把大扫把，所以彗星又叫"扫帚星（扫把星）"。中文中的"彗"字，就是"扫帚"的意思。古人认为彗星预示灾难，所以，很久以前就有关于大彗星出现的文字甚至图形记录了。这些记录为现代人研究彗星的起源和演化，乃至历史断代和重要历史事件提供了重要依据。我国古代称彗星为"星孛"，《春秋》中记载了鲁文公十四年（公元前1613年）出现的大彗星："秋七月，有星孛入于北斗。"这一记录过去一直被认为是世界上关于哈雷彗星的最早的可靠记录。

认为彗星会带来灾难，纯属无稽之谈。不过也有例外，历史上确实出现过彗星带来的恐慌和灾难。那是在1910年，哈雷彗星的回归引起了不小的恐慌和骚动。因为根据天文学家预测，当年5月19日哈雷彗星即将到来，"不幸"的

想一想

结合彗星的构成，想想为什么彗星"扫过"对地球没影响呢？

是，由于这次哈雷彗星的轨道离地球非常近，彗尾将扫过地球。有人宣称：届时它那两亿千米长的彗尾将扫过地球，还会散发出剧毒的氰气体。许多人被这一消息吓破了胆，认为"世界末日"就要到来，于是在那一天到来之前尽情享乐，挥霍家产，甚至还有人在彗星回归的前一天惊惶自杀。5月19日傍晚，天空中出现了令人惊奇的景象：在月暗星稀的夜空，一个炫目的星团从地平线上直冲天穹，它拖着明亮的长尾巴由东向西移动，仿佛一把巨大的"天帚"在清扫夜空。几个小时后，哈雷彗星又离去了，地球上的生态并未受到任何影响。

天文学史上最著名的哈雷彗星（Halley's comet）是第一颗被发现依规则周期而回归的天体。这颗彗星出现在1682年8月，约一个月之后才慢慢消失。哈雷观测研究的结果发现，这正和哈雷在1607年所观测到的一颗明亮的彗星的轨道相同。哈雷知道，两颗彗星恰好在同一轨道中运行是不可能的，于是他断定，这个轨道必为椭圆形，而这颗彗星的周期约为76年，也就是说它每隔76年就会出现一次。于是，哈雷翻阅天文学书籍，以76年为周期，查看是否有彗星出现。果然，用1607减去76得1531，确有一颗彗星出现在1531年；再从这一年往前推约76年，便是1456年，而1456年果然也出现了一颗彗星。虽说有1456年、1531年、1607年、1682年出现的彗星为证，但为了进一步确认这颗彗星的存在，很多人推测1758年这颗彗星还会回来。果然，在1758年3月12日，这颗彗星经过了近日点。哈雷彗星再次经过近日点是在1835年11月，然后是1910年4月，而这次回归颇为壮观。4月20日接近近日点时，彗尾已亮得肉眼可见；5月初，在黎明前天空中呈现耀眼的光彩；5月19日，这颗彗星恰好从地球和太阳之间经过；又过了两天，它的尾部掠过地球，造成人们的恐慌，其实，彗尾非常稀薄，而地球也未发生任何异常。哈雷彗星当时之所以著名，是因为它横扫天际时的景象。1986年，它再一次成为肉眼可见的奇观。

图14.4　哈雷彗星巨大的彗尾扫过地球（李瀚文　绘）

4. 彗星的分类

彗星和太阳系中的许多天体一样，都是在太阳引力的作用下绕日运行的。大部分彗星都不停地围绕太阳沿着很扁长的轨道运行。循椭圆形轨道运行的彗星，叫"周期彗星"，公转周期一般在3年至几世纪之间。周期只有几年的彗星多数是小彗星，直接用肉眼很难看到。不循椭圆形轨道运行的彗星，只能算是太阳系的过客，一旦离去就不见踪影。大多数彗星在天空中都是由西向东运行，但也有例外，哈雷彗星就是从东向西运行的。除太阳引力外，影响彗星运动的还有各大行星的引力，其中影响最显著的是木星，大行星的引力作用会缩短或延长一颗彗星的周期，有时甚至会改变其轨道。彗星有三种运行轨道：椭圆轨道，抛物线轨道，双曲线轨道。若彗星处于后两种轨道上，那它很可能是一颗"新鲜彗星"（Dynamically New Comet）。

5. 彗星的解散和衰亡

彗星是可以解散和衰亡的，比拉彗星就是完全解散的一颗。这颗彗星在1772年第一次被观测到，1805年再次出现，1826年人们第三次发现了它（你能算出它的公转周期大概是几年吗）。因此，天文学家估算它必定在1832年和1839年再次出现，但这两年却都未观测到它。直到1845年，它又重新出现，天文学家在11月、12月中观测到了它。但是到1846年1月，它靠近地球和太阳时，才发现它已分成了两半。最后一次观测到比拉彗星是在1852年9月，从此，人们再也没有观测到它。

现在人们对彗星的了解越来越多，不过关于彗星还有很多未解之谜等待人们探索，因此对彗星的研究从来没有停止过。

关于彗星的问题还有很多，请同学们查阅相关资料，就感兴趣的问题和同学老师交流。

1. **近地小行星：**轨道与地球轨道相交的小行星叫作近地小行星。近地小行星主要分为三类，分别为阿登型小行星、阿莫尔型小行星和阿波罗型小行星，近地小行星发生与地球撞击的危险的可能性很大。截至2011年9

月，发现500多颗直径超过1千米的近地小行星，19500多颗中等体积大小的近地小行星。地球一旦遭到这些小行星中的任何一颗撞击，带来的灾难都是毁灭性的。

2. **太阳风**：是从太阳上层大气射出的带电粒子流。地球上的风是由于空气的气体分子流动而形成的，而太阳风却是由更简单的比原子还小一个层次的基本粒子——质子和电子等组成，它们流动时与空气流动十分相似，所以称它为太阳风。

第15节　流星和流星雨

　　晴朗的夜空中，偶尔会有一道亮光一闪而过。有人说，一颗星星落下来了；也有人说，一个人的灵魂飞走了。现在我们都知道，那是流星从大气中穿过。

图15.1　2015年双子流星雨

一、流星体、流星和陨石

直到19世纪，人们才完全弄清楚流星的来历。太阳系中除了已知物体——行星、卫星、彗星以外，还有一些小得连望远镜都看不见的小天体在空间中环绕太阳运转，其中有一些比小石头和沙粒大不了多少。所以流星不是星星，而是太空中一种岩石或尘埃的聚集物，通常来自彗星和小行星。地球在环绕太阳运行的过程中可能会和它们相遇，它们相遇时的相对速度非常大，可能会达到每秒数十千米，甚至高达100千米以上。小行星以这样的高速撞上稠密的大气层，会产生巨大的摩擦力，摩擦产生的热量使其燃烧，就形成了我们见到的天空中的那一道闪光——流星。如果你恰好在流星的路径下面看到它，几分钟后还会听到一声鸣炮般的炸裂声，那是被其迅速飞驰所压缩的空气震动引起的。由于流星体一般很小，大多数在大气高层中就被烧毁殆尽，全部汽化，不会来到地面；如果流星体太大，它就不会完全烧尽。那些残余的流星体穿过大气层撞击到地面上，被称为陨星，也叫"陨石"。

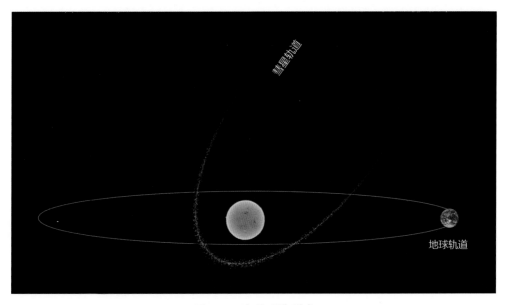

图 15.2 流星雨的形成

一颗流星偶尔飞过的现象在生活中并不罕见，但是有时会出现这样的太空奇景——无数颗流星从夜空中倾泻下来，像礼花绽放一样绚丽多彩，你知道这是哪一种天象奇观吗？

二、流星的种类

通常情况下，流星好像夜空中的"散兵游勇"，完全随机地出现于各个方位，这种单个流星也叫"偶发流星"，火流星是一种最为灿烂的单个流星。除了这种偶发流星外，还有一类常常成群出现的流星群，它们有十分明显的规律性，出现在大致固定的日期、同样的天空区域，所以又叫"周期流星"。流星群是一群轨道大致相同的流星体，当冲入地球大气时，成为十分美丽壮观的流星雨。一般情况下，每小时出现十几颗到几十颗流星就可以称为流星雨了。有时，流星雨爆发时成千上万的流星宛如节日礼花般迸发开来，像雨点一般密集。例如1833年11月的狮子座流星雨，是历史上最为壮观的一次大流星雨，每小时下落的流星数达35000颗之多。第二天夜里甚至有人专门到户外仰望星空，看天上的星星是不是掉光了。

图15.3　火流星

图 15.4　1833 年 11 月 13 日凌晨狮子座流星雨绘画

三、流星雨的命名

在一次流星雨中，如果我们把每一颗流星飞行的路线画出来，再把这些线往回延长，就会发现它们最后会在天上的某一点相遇。这一点就叫作这一流星群的"辐射点"。从这个点附近飞出的流星叫作"群内流星"，不是从这个点附近飞出的叫作"群外流星"。我们通常将辐射点所在的星座命名作为该流星群的名字。例如，辐射点在狮子座，就叫狮子座流星雨，辐射点在天琴座，就叫天琴座流星雨。

图15.5　天琴座流星雨辐射点示意图

中国在公元前687年曾记录到天琴座流星雨："夜中星陨如雨。"这是世界上最早的关于流星雨的记载。在民间，流传着这样的说法：在流星飞过的时候许愿，流星就能带来好运，让愿望实现。流星当然不具备这样的特异功能，这不过是人们美好的愿望罢了。

四、流星雨的观测

流星雨通常会在一些特殊的日子里定期发生。例如英仙座流星雨在每年的8月初到中旬都能看到。双子座中有一个流星群，每年12月11日前后流星雨从位于双子座的流星雨辐射点出现，到13日达到高潮。

图15.6　双子座流星雨辐射点示意图

思　考

在什么地方更适合观测流星雨？月光和城市的灯光对观测流星雨有什么影响？

　　观测流星雨需要做到天时、地利、人和。观测前，要好好休息，合理饮食，保持充足的体力。最好通过星空模拟软件了解观测时的星空状况，观测前大概确定流星雨的极大时间［ZHR，即每小时天顶流星数，可以在国际流星组织（官网：http：//www.imo.net）查看有关信息］，并寻找到流星雨辐射点所在星座的大概位置，纸质的星图和一些手机APP星图都可以帮助我们找到流星雨辐射点的大概位置。

　　观测当天到底能看到流星吗？能看到多少？这是很多人最关心的问题。衡量流星雨规模的主要参考数据叫作ZHR（Zenithal Hourly Rate），即每小时天顶流星数，就是最理想情况下一小时可以看到的群内流星数目。知道了这个数据，我们对大概能看到多少颗流星就有所了解。

ZHR 的数值一般并不固定，这里提供的是2016年一些流星雨极大时间的 ZHR 数值。（来自国际流星组织的报表 http：//www.imo.net）

象限仪座流星雨：120

宝瓶 η 流星雨：40

英仙座流星雨：150

天龙座流星雨：波动大，无预测

猎户座流星雨：15

狮子座流星雨：15

双子座流星雨：120

这里可以看出，流量大的流星雨并不多，因此，其实许多流星雨并不值得特别关注。

我们要根据气候和天气情况做好御寒、防虫准备，准备一些热量高的食品和充足的饮水。观测当天，首先天气要晴朗，月光对观测的影响也是很大的：如果流星雨遇到新月，整夜都可以观测；上弦月下半夜观测；下弦月上半夜观测；满月或者接近满月则不利于观测。所以，我们需要找到开阔、远离光污染的观测地。

观测时最好不要用望远镜等观测仪器，建议直接目视，这样可以看到最大范围的天空。观测时最重要的是保护自己的夜视力！在黑暗的环境中瞳孔会逐渐放大，能看到更暗的流星。远离灯光、手机屏幕照明、手电筒，甚至是指星笔的绿光——每一次夜视力的破坏至少需要15分钟来完全恢复。接下来就要聚精会神地在辐射点附近观测，因为流星有可能从不同的方向出现。观测时要保持注意力的集中和良好的心态：在离辐射点不太远的区域专注地观测，不要因为错过了视野外的流星而懊恼和沮丧。另外，我们还应注意天文观测礼仪：请多考虑他人的感受。特别是要注意避开他人的视野和相机拍摄的区域，不要用强光破坏他人的观测。对观测环境要求较高的同学，可以适当选择避开人员密集的观测地点。

五、七大著名流星雨

1. 狮子座流星雨

狮子座流星雨在每年的 11 月 14 日至 21 日左右出现。一般来说，流星的数目大约为每小时 10 至 15 颗，但狮子座流星雨平均每 33 至 34 年会出现一次高峰期，流星数目可超过每小时数千颗。这种现象与谭普-塔特尔彗星的周期有关。

2. 双子座流星雨

双子座流星雨在每年的 12 月 13 日至 14 日左右出现，最高时流量可以达到每小时 120 颗，且流量大的时间持续比较长。双子座流星雨源自小行星 1983 TB，该小行星由 IRAS 卫星在 1983 年发现，科学家判断其可能是"燃尽"的彗星遗骸。双子座流星雨辐射点位于双子座，是著名的流星雨。

3. 英仙座流星雨

英仙座流星雨每年固定在 7 月 17 日到 8 月 24 日这段时间出现，它不但数量多，而且几乎从来没有在夏季星空中缺席过，是最适合业余流星观测者的流星雨，地位列全年三大周期性流星雨之首。彗星 Swift-Tuttle 是英仙座流星雨之母，1992 年该彗星通过近日点前后，英仙座流星雨大放异彩，流星数目达到每小时 400 颗以上。

4. 猎户座流星雨

猎户座流星雨有两种，辐射点在参宿四附近的流星雨一般在每年的 10 月 20 日左右出现；辐射点在 ν 附近的流星雨则发生在 10 月 15 日到 10 月 30 日，极大日在 10 月 21 日，我们常说的猎户座流星雨是后者，它是由著名的哈雷彗星造成的，哈雷彗星每 76 年就会回到太阳系的核心区，散布在彗星轨道上的碎片，由于哈雷彗星轨道与地球轨道有两个相交点形成了著名的猎户座流星雨和宝瓶座流星雨。

5. 金牛座流星雨（南金牛座流星雨，北金牛座流星雨）

金牛座流星雨在每年的10月25日至11月25日左右出现，一般11月8日是其极大日，Encke彗星轨道上的碎片形成了该流星雨，极大日时平均每小时可观测到五颗流星曳空而过，虽然其流量不大，但由于它周期稳定，所以也是广大天文爱好者热衷观测的对象之一。

6. 天龙座流星雨

天龙座流星雨在每年的10月6日至10日左右出现，极大日是10月8日，该流星雨是全年三大周期性流星雨之一，流星雨的流量最高时可以达到每小时400颗。Giacobini-Zinner彗星是天龙座流星雨的本源。

7. 天琴座流星雨

天琴座流星雨一般出现在每年的4月19日至23日，通常22日是极大日。该流星雨是我国最早记录的流星雨，在古代典籍《春秋》中就有对其在公元前687年大爆发的生动记载。彗星1861 I的轨道碎片形成了天琴座流星雨，该流星雨作为全年三大周期性流星雨之一，在天文学中也占有极其重要的地位。

图15.7　天龙座流星雨辐射点示意图

1. 近日点

太阳系中的星体绕太阳公转的轨道不是一个正圆，而是一个椭圆。椭圆有两个焦点，太阳不在椭圆的中心，而是在椭圆的一个焦点上，也就是说，星体有时离太阳近一点儿，有时离太阳远一点儿。而近日点则是星体离太阳最近的位置。

2. 光污染

在现代社会，城市的夜空被来自建筑物和街灯的光照亮，即使是晴朗的晚上，居住在城市里的居民也很难在天空中看到亮度较弱的星座和行星，而乡村居民的视野也被汽车前灯与附近城镇的灯光破坏了，这也同样使得天文学家的观测活动很难进行；除了人为的光污染外，自然界也会产生光污染，比如月光，这些光污染会对需要长时间曝光的天体摄影（拍摄星流迹）产生严重干扰。

第16节　合月与掩星

　　我们经常见到一种天象，在明亮的月球旁边，伴着一颗亮星交相辉映，美不胜收。我们把这种天象叫"合月"。其中最著名的是金星合月和木星合月。

图16.1　故宫角楼木星合月（张益铭　摄）

月球在天空中的位置每天都会向东移动，合月现象应该每天都在发生，为什么我们却很少见到？

因为月亮相比其他星星明亮多了，它的光芒会掩盖旁边的暗星，所以只有当明亮的星在月球附近的时候，才容易被我们看到。比如金星和木星……

一、合月

通常，人们所说的"合月"是广义上的，即月亮正好运行到一颗亮星附近几度时，就可以说这颗星合月或月合这颗星。

在夜空中，金星、木星、土星、火星的亮度比较高，而且与月球运行轨道接近，因此发生合月的概率比较高。

1. 金星合月

金星是距离地球最近、光度最亮的行星，中国古代称它为"太白"，当它出现在黎明时，被称作"启明"星；当它出现在黄昏后，被称为"长庚"星。西方则称其为爱神"维纳斯"。

金星合月也就是金星和月亮正好运行到同一黄经上，它是行星合月天象中的一种，金星合月是行星合月天象中观赏效果较好的。

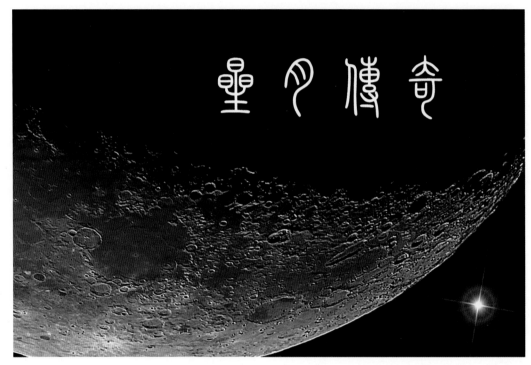

图 16.2　金星合月

2. 土星合月

土星合月，即土星和月亮正好运行到同一经度上，两者间的距离最近。其间土星将戴上草帽状的光环，并依附月亮近距离地展现"星姿"，只需用肉眼即可见到"土星合月"的天文趣象。

土星是夜空中最美丽的星球之一，也是肉眼易见的大行星中离地球最远的，它拥有雄伟、美丽的光环，在望远镜中其外形像一顶草帽，被誉为"指环王"。

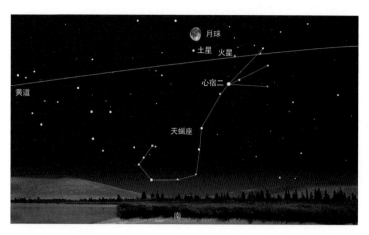

图16.3　2016年3月26日3时土星合月示意图

3. 木星合月

一年中行星合月的现象会发生几十次，木星合月是行星合月天象中的一种，因为木星的体积比较大，所以是行星合月天象中观赏效果最好的之一。

木星合月也就是木星和月亮正好运行到同一黄经上。木星合月的天象每月都会发生一次，有时甚至是两次，但由于天气等方面的原因，并不是每次我们都能看到，特别是圆月会木星的景象出现的概率更低。

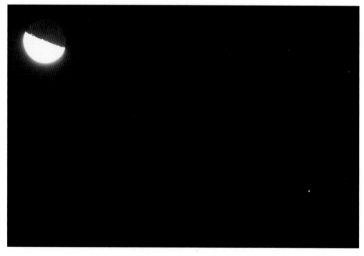

图16.4　木星合月

二、掩星

月球是距离地球最近的自然天体，它也会把后面的亮星挡住吧？

的确是这样，月亮时刻都会把后面的星体挡住，这种现象叫作"月掩星"。

自17世纪以来，人们就开始观测这种在短时间内有明显变化的天象——月掩星。当月球经过一颗恒星或行星时，常常将其遮掩起来。据说最早观测月掩星的是天文学家纽康，他一共做了100多次的月掩星观测。

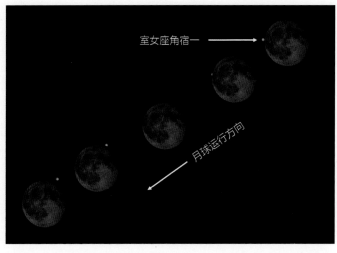

图16.5　2013年3月28日月掩角宿一示意图（李文怡 制作）

图16.5是2013年3月28日拍摄的月掩星照片。月掩星这种天象，能告诉我们什么信息呢？

也许你不知道该怎么回答，其实不用把问题想得很复杂，它告诉了我们一个非常简单而有价值的信息，那就是月球比其他天体离我们更近。想象一下，在古代，这是一种多么直观的判断天体距离我们远近的方法！为了说明这个问题，让我们先做两个实验吧。

实　验1

请你伸出两只手，握成拳头。一只手模拟月亮运动，另一只手模拟星星运动。什么情况下月亮才能遮住星星呢？

图16.6　掩星模拟实验

是不是只有在两个天体离我们远近不一、运动速度不一的情况下才会发生掩星呢？月球的视运动速度明显与其他天体不一样，而且月球距离地球最近，所以发生掩星的概率是最高的。

思 考

除了月球以外，还有哪些天体会发生掩星现象呢？为什么？

理论上，离我们近的天体都有可能发生遮掩离我们远的天体的现象，但是由于恒星在我们看来几乎不动，所以它们相互遮掩时我们很难看到；而小天体过小，即便发生遮掩我们也很难觉察到；行星遮掩恒星是比较容易观测到的，但是概率也是比较低的。

太阳视圆面大，也有相对恒星背景的移动，但是它比月球亮得多，我们更无法看到日掩星的现象。这个问题我们也可以通过简单的实验来理解。

实 验 ₂

用自制天象仪在墙上投射出"星光"，再打开一盏明亮的灯模拟太阳，让它在恒星背景中移动。你能看到台灯掩盖星点的景象吗？由此，你能解释为什么很少看到月掩星和几乎看不到日掩星吗？

太阳过于明亮，根本看不到它周围的星星，所以几乎无法看到掩星现象；月亮也比较亮，只有遮掩非常亮的星的时候，我们才能看到。

看过月掩角宿一的照片，我们可以再次了解到，角宿一是多么明亮。下面是一首写角宿一的诗，我们一起欣赏一下。

角宿一

文/ 玉衡

古语针尖试麦芒，
岛国美喻海珠光。
东方宿首苍龙角，
黄道六宫称霸王。

月掩星有两种情况：一种是满月之前，月亮在东移的过程中，亮星消失在月亮阴暗部分的边缘，从明亮的边缘出来；另一种是满月之后，月亮在东移过程中，亮星消失在月亮明亮部分的边缘，从阴暗的部分出来。

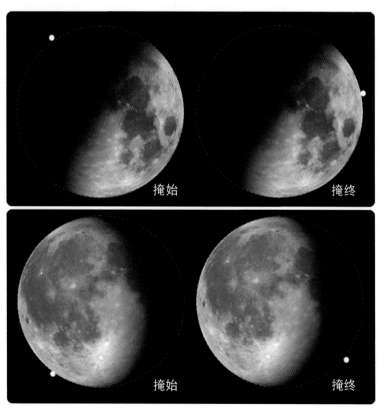

图 16.7　两种月掩星（李　鉴　绘制）

这两种现象可以告诉我们什么信息呢？是不是又把大家难住了？其实答案非常简单，这证明月球是个球体，我们看到的月亮圆缺变化并不是它的形状在变化，而是它的受光面在变化。月亮是个球体现在看来容易理解，但是古代的人们是如何知晓的呢？这就是一个很好的证据。虽然有时月球像金钩一样变得很窄，但是它依然是个球体，我们看不见的部分挡住了后面的恒星，所以不管我们看到它是什么形状，它依然是个球体！

　　如果有条件观测月掩星，一定要抓住机会。初次进行月掩星观测时，一般选择亮星作为观测对象，主要观测掩蔽刚开始（掩始）和掩蔽刚结束（掩终）的时刻。由于恒星只是一个光点，所以只需记录恒星消失和出现的瞬间就可以了。为了取得较好的观测效果，一般在满月之前对月球暗的边缘的月掩星现象进行观测（掩始），因为满月之后观测月球亮的边缘时，月球的光芒会影响观测与计时，这样会使观测月掩星现象变得困难。所以，满月之后应该观测亮星在月球暗边缘重新出现的时刻（掩终）。观测时要事先知道亮星在月球暗边缘的哪个方位出现，还要知道其出现的大概时刻。

　　人们在观测掩星时发现，无论亮星被遮掩时还是从月球边缘出现时，都是发生在一瞬间。这又告诉了我们什么信息呢？

　　月掩星的现象还使我们知道了月亮是否有大气层。如果月亮是个有大气的天体，在月掩星之前，将要被掩的星星的亮度会逐渐减弱，接着消失在月亮的东边缘；过一会儿，被掩的星隐约从西边边缘探出头来，一点点变亮，当月亮向东远去后，星星才复原。然而，早在几百年前，天文学家用望远镜观测月掩星时就已经发现，被掩的星是瞬息即逝地立即消失，而后又干净利落地出现。从那时起人们知道，月亮上没有大气。

　　仅仅对月掩星这个现象的观察，人们就可以了解这么多宇宙的信息，所以同学们一定要养成认真观察、深入思考的好习惯。

　　直到今天，月掩星仍然是天文学家的研究课题，也是天文爱好者的观测对象。总的来说，人类对月亮的运动规律已有了很好的了解：月亮和地球在相互引力的作用下，绕地球公转。然而，月亮在天上的视轨迹（我们看到的月亮在天空中运行的轨迹）却是一幅十分复杂的图像，时快时慢，左摇右摆。难怪前人要用"月躔（chán）"一词来形容月亮的古怪轨迹了！造成这一事实的原因，除了太阳和行星都对月亮施加引力影响外，还因为地球和月亮本身的结构并不是那么简单、均匀。所以，仔细地观测月掩星，精确地记录掩星从开始（掩始）到结束（掩终）的时刻和方位，对比理论计算和实测的差异，找出根源所在，就能够进而改善月亮运动理论和地球物质分布理论。

正如前面提到的，能够掩星的不只是月球，行星掩星也是会发生的，甚至还有恒星掩星。人们通过掩星观测，取得了很多研究成果，比如解释了一些恒星亮度的变化的原因，再如发现系外行星等。已经有越来越多的爱好者加入了掩星观测的行列。

张老师的星空课堂

纽康：全名为西门·纽康（Simon Newcomb），是加拿大裔美国天文学家。代表作有《通俗天文学》（*Astronomy for Everybody*）。

第17节　行星凌日

我们知道，在太阳的"脸"上经常会出现模糊的"雀斑"——太阳黑子；有时在日面上还会出现圆圆的小黑点，就像太阳的脸上出现了"黑痣"一样。

我想这个小黑点一定是什么天体从太阳和地球之间经过。

是这样的，这是水星或金星从地球与太阳之间经过产生的天文现象。

思　考

为什么在我们看来，只有金星和水星会从日面上经过呢？

因为金星和水星是地内行星（它们的轨道在地球和太阳之间），所以在某些时刻，它们会从地球和太阳之间经过，三个天体形成一条直线。这时在地球上的观察者就会发现有一个黑点从日面上通过，这就是凌日。而在地球之外的其他行星，除了水星外，同样也可以观测到其内侧行星的凌日现象。

太阳系各行星所看到的内侧行星凌日现象						
金星	地球	火星	木星	土星	天王星	海王星
水星	水星	水星	水星	水星	水星	水星
	金星	金星	金星	金星	金星	金星
		地球	地球	地球	地球	地球
			火星	火星	火星	火星
				木星	木星	木星
					土星	土星
						天王星

表 17.1　太阳系各行星所看到的内侧行星凌日现象

其实，水星凌日、金星凌日和日食的原理非常接近，都是天体从地球与太阳之间经过产生的现象。不同的是水星和金星是行星，它们离地球比较远，所以看起来很小，只是日面上的一个小黑点。月球是地球的卫星，离地球比较近，看起来比较大，能够遮住太阳。

水星和金星可以凌日，它们可以凌月吗？

水星和金星都不会从地球与月亮之间经过，当然不可能凌月了。不过飞鸟和飞机都可以凌月！

同样是行星凌日，由于水星的公转周期短，形成凌日的概率比金星凌日要高得多，每46年发生6次。尽管如此，因为天气和地点的原因，水星凌日依然是难得一见的天文现象。金星凌日以两次为一组，两次之间间隔8年，而每组之间的间隔却可长达100多年。上一次的"金星凌日"发生在2004年6月8日，2012年6月6日的这次是本组的第二次。而下回再发生这一天象，就要等到2117年12月11日了。

一、观测金星凌日的意义

在科学史上，金星凌日曾起到过非常积极的作用。1716年，英国著名天文学家哈雷发表论文，提出了一套利用观测金星凌日来计算地球与太阳之间距离的方法。1824年，德国天文学家恩克发表了对两次观测比较全面的讨论结果，得到地球距离太阳1.53亿千米。天文学家把更多的精力投入到了1874年和1882年的金星凌日观测。最后从1882年的观测结果归算出日地距离为1.4934亿±9.6万千米，现在的准确数据为1.49597870亿千米。

二、凌日的观测方法

1. 投影观测
具体方法请见第8节《光辉的太阳》。

2. 照相观测
由于太阳非常明亮，有时低端的设备也能拍摄出不错的效果。下面的照片是用口径不到90mm的小折射镜和500万像素的索尼卡片式相机对目镜拍摄而成的。看到日面右上方的那个并不清晰的小圆点了吗？那就是水星。

图17.1　水星凌日（张念汝 摄）

下面这张照片是北京天文馆曹军老师拍摄的金星凌日的照片。我们不难发现，金星比水星要大得多。

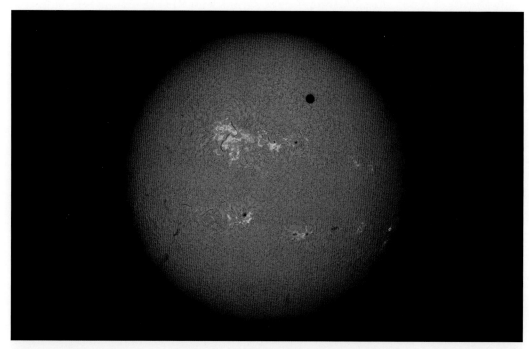

图17.2　金星凌日（曹　军　摄）

虽然行星凌日难得一见，不过"飞鸟凌日"就常见多了。如果你能耐心等待，说不定可以观察到或记录下来。

本世纪水星凌日时间表

日期	凌始外切	凌始内切	凌甚	凌终内切	凌终外切	最小日心距（角秒）	国内可见
2016年5月9日	19:12	19:15	22:57	02:39	02:42	318.5	不可见
2019年11月11日	20:35	20:37	23:20	02:02	02:04	75.9	不可见
2032年11月13日	14:41	14:43	16:54	19:05	19:07	572.1	可见
2039年11月7日	15:17	15:21	16:46	18:12	18:15	822.3	可见
2049年5月7日	19:03	19:07	22:24	01:41	01:44	511.8	不可见
2052年11月10日	07:53	07:55	10:29	13:04	13:06	318.7	可见
2062年5月11日	02:16	02:20	05:36	08:53	08:57	520.5	可见后半段
2065年11月12日	01:24	01:26	04:06	06:46	06:48	180.7	不可见
2078年11月14日	19:42	19:44	21:41	23:37	23:39	674.3	不可见
2085年11月7日	19:42	19:45	21:34	23:24	23:26	718.5	不可见
2095年5月9日	01:20	01:24	05:05	08:47	08:50	309.8	可见后半段
2098年11月10日	12:35	12:37	15:16	17:56	17:57	214.7	可见

167

第18节　地球的形状

现在大家都知道地球是个近似的球体，可是在几百年前，人们还很难相信这个事实。甚至当科学证明了大地是个球体的时候，很多人依然不敢相信。其实，时至今日，依然有人不相信大地是个球体，不相信它是一颗在时刻自转并围绕太阳公转的行星。

太阳是球体，月亮是球体，没有人怀疑，因为大家都确确实实地看到了。可是人们生活在大地上，在宇宙航行以前，不能像观察太阳和月亮那样去眺望地球。地球相对于人类又是如此巨大，人们伫立在地面上，所看到的只是眼界所能达到的一小部分，就是四周被地平线所限制的大约以4.6千米为半径范围内的一块平地——视地平，所以早期人们对地球形状的认识只是从直觉出发的推测。

古俄罗斯人想象大地是驮在三条鲸鱼背上的盘子，这三条鲸鱼又是浮游在海洋上的；而古印度人认为大地是一个隆起的圆盾，由三只大象扛着，这三只大象站在巨大的龟背上，而这个龟又是立于巨蛇之上。这些都是人类对地球最原始的认识。

图18.1　古印度人的宇宙观（叶文鋆 绘）

早期的人类基于直观的观察很自然地建立了"天圆地方"的宇宙观，认为大地像棋盘一样，虽然也有起伏，但总体上是平坦的。在我国，早在两千多年前的周朝，就存在着盖天说。早期的盖天说认为"天圆如张盖，地方如棋局"，穹隆状的天覆盖在呈正方形的平直的大地上。

图 18.2　盖天说（刘品知 绘）

　　但圆盖形的天与正方形的大地边缘无法吻合。于是又有人提出，天与地并不相接，而是像一把大伞一样高高悬在大地之上，地的周边有八根柱子支撑着，天和地的形状犹如一座顶部为圆穹形的凉亭。"天似穹庐，笼盖四野，天苍苍，野茫茫，风吹草低见牛羊。"当你来到茫茫原野，举目四望，只见天空从四面八方将你包围，有如巨大的半球形天盖笼罩在大地之上，而无垠的大地在远处似与天相接，挡住了你的视线，使一切景色都消失在天地相接的地方。这一景象无疑会使人们产生天在上、地在下、天盖地的宇宙观。

　　这种观点延续了很多年。随着人类认识水平的提高，一些自然现象引起了人们的关注……

讨论：从下面列举的现象中，你能得到什么启发？

1. 人们眺望海平面上行驶来的帆船，总是先看到船帆顶端，逐渐才能看到船帆的下面，直到看到船身。

图18.3　眺望海平面上远处的船只（赵梓彤 绘）

2. 人们在一个地方的地平线上看到某一颗星，向星星所在的地方行进很远的一段距离，会发现它逐渐高出地平线；向相反的方向行进很远的一段距离，会发现它逐渐降到地平线以下，看不到了。

3. 月食发生的时候，总在望月这一天，月球上的阴影看起来是个比月球大得多的圆形。而这一天，恰巧是地球在太阳和月球之间的位置。

以上事实都表明：大地是个球体！大家想想看，如果大地是平的，观察远处的船只，只要能看清，应该是能同时看到桅杆和船身的；观察地平线处的星体时，不会出现某些地区能看到、某些地区看不到的情况；月食发生在望月这一天，这一天日月分别在大地的两侧，应该是大地挡住了射向月球的阳光，月球上留下的阴影总是个圆形，只有球体的阴影才总是圆形的，所以大地应该是个球体。

其实早在公元前五百多年，毕达哥拉斯从哲学观点出发，就认为大地是个球体，他的依据仅仅是他认为球体是最完美的形状。后来产生了"浑天说"。最开始的浑天说认为：地球不是孤零零地悬在空中的，而是浮在水上；后来又有了新的发展，人们认为地球浮在气中，因此有可能回旋浮动。著名的汉朝科学家张衡在所著的《浑天仪注》中写道："浑天如鸡子。天体圆如弹丸，地如鸡子中黄，孤居于天内，天大而地小。"它认为天不是一个半球形，而是一个圆球，地球在里面就像鸡蛋黄在鸡蛋内部一样。浑天说认为全天恒星都布于一个"天

图18.4　张衡浑天说示意图（陈怡霖 绘）

球"上，而日月五星则附丽于"天球"上运行。浑天说还清楚地认识到：天是圆的，宇宙是无限的，月光是日光的反照，月食是由于地影遮掩了月球所致。地影是圆的，那么地体自然是球形的。古希腊学者亚里士多德也同样在通过对月食的景象分析后认为地球是球体或近似球体。但这一见解在当时却只被少数人所接受。直到公元1522年，麦哲伦及其伙伴完成绕地球一周的航行之后，人们才确立了地球为球体的概念。

麦哲伦出生于16世纪葡萄牙一个没落的骑士家庭，成年后曾经在欧洲的皇家海军服役，他在服役期间到达过今天的东南亚和非洲等地。退役后，他希望能组建一支航海船队，到东方寻找新的香料产地。

麦哲伦在西班牙王室的支持下，签订了关于组建一支航队的协议。于是，1519年，38岁的麦哲伦扬帆出发。第二年年底，船队终于抵达巴西的海边。

图18.5（1）麦哲伦

图18.5（2）麦哲伦（亓熠欢 绘）

1520年，船队先后抵达拉普拉塔河、圣胡利安湾和麦哲伦海峡，并于该年年底进入当时尚未被命名的太平洋。接下来的一年，继续西行的船队到达了菲律宾群岛，并且在事实上完成了人类历史上第一次横渡太平洋的行动。

1522年，41岁的麦哲伦抵达了一个不知名的小岛，在补给食物和淡水期间，他的一个奴隶突然发现自己能与当地人进行沟通，而多年前这个奴隶是通过马六甲向东航行抵达欧罗巴大陆的。麦哲伦死后，他手下的人继续麦哲伦未完成的航程，船队渡过印度洋，绕过好望角，越过佛得角群岛，于1522年9月6日回到了西班牙，历时1082天，完成了人类首次环球航行。麦哲伦航线全长60440公里。麦哲伦船队的5艘远洋海船只剩下"维多利亚"号远洋帆船，出发时的200多名船员，返回时只剩下18名。麦哲伦船队以巨大的代价获得环球航行成功，证明了地球是圆球形的，世界各地的海洋是连成一体的。

图18.6 从卫星上拍摄的地球

后来科学家又用更多的事实告诉人们，大地是个近似的球体，从卫星上拍摄的照片就是最好的证据。

　　如今，人类已经能够对地球的形状进行精确测量，人们发现地球是个并不规则的球体，而且测量的精度越来越高。人类对地球形状认识的过程告诉我们"眼见不一定为实"，有些经验也不一定靠得住，在认识这个世界真实面目的道路上，人类需要走的路还十分漫长。

第19节　运动的地球

　　人类认识地球的形状，经历了漫长的过程。认识地球运动的历程，就更加艰辛了。古人通过一些现象，还可以发现地球是个球体的证据，而对于地球的运动，人们丝毫感受不到。不过在2000多年前，已经有人天才般地意识到了地球有可能是在运动。

　　古代的人没有太空飞船，看不到地球转动，在地球上也感觉不到地球的运动，为什么会有地球在运动的想法呢？

　　人类是根据观察到的天体的视运动来推测地球的运动的。

一、发现地球的运动

古代科学家已经认识到地球是一个球体，通过观察日月星辰有规律的东升西落，人们很容易认为这些天体都在围绕地球转动，因此认为地球是宇宙的中心。

但是，科学家们善于观察、勇于探索的精神让他们有了新的发现，天空中的行星运动轨迹非常特殊，用"地球是宇宙的中心，所有天体都在围绕着它转动"很难解释这种现象，他们试图揭开这其中的奥秘，他们提出了不同的猜想来解释这种运动的合理性。

科学家们根据观察到的恒星的运动，提出了两种猜想：第一，地球不动，恒星在围绕地球转动；第二，恒星不动，地球在转动，这样在我们看来，也会感觉到恒星在运动。在研究一个问题的时候，列举出若干种可能性去证明或证伪，是科学上常用的方法。早在古希腊时期，费罗劳斯、海西塔斯等人就提出过地球自转的猜想，战国时代《尸子》一书中就已有"天左舒，地右辟"的论述。他们的猜想不是凭空想象，而是对行星运动给出的解释。

行星除了和恒星一样有东升西落的现象外，还有独特的运行规律。在地球上观测行星时，行星移动的方向即自西向东移动时叫"顺行"，相反方向时叫"逆行"，当顺行转成逆行或逆行转成顺行时，行星看起来好像停留不动叫"留"。

有些科学家（如阿里斯塔克）想到：如果地球在自转的同时也和其他行星一样围绕太阳公转，就能够很好地解释我们看到的恒星及行星的运动。但正因为人们感觉不到大地的运动，他们的学说不仅不能被公众所认可，甚至一些科学家也极力反对。其中最著名的就是当时科学界的权威——亚里士多德。

亚里士多德是古希腊伟大的哲学家、科学家和教育家，堪称古希腊哲学的集大成者，他研究了当时绝大多数学科的知识。当然，他并不是依靠自己的权威或仅凭借自己的感觉来反驳地球的运动，而是有他的理论支撑。他认为，如果地球在运动，一个垂直向上扔起的小球落地后必然会移动一定的距离，但事实上小球依然会落在原地，从而证明大地是静止不动的。当时其他科学家无法反驳他的这一说法，因此他的理论处于主导地位。

　　不过，如何解释行星的运动依然是亚里士多德支持者们需要解决的问题。古希腊科学家托勒密构建了一种模型，他设想各行星都绕着一个较小的圆周运动，而每个圆的圆心则在以地球为中心的圆周上运动。他把绕地球的那个圆叫"均轮"，每个小圆叫"本轮"。同时假设地球并不恰好在均轮的中心，而是偏开一定的距离，均轮是一些偏心圆；日月行星除了做上述轨道运行外，还与众恒星一起，每天绕地球转动一周。他的模型较为完满地解释了当时观测到的行星运动情况，并取得了航海上的实用价值，从而被人们广为信奉。

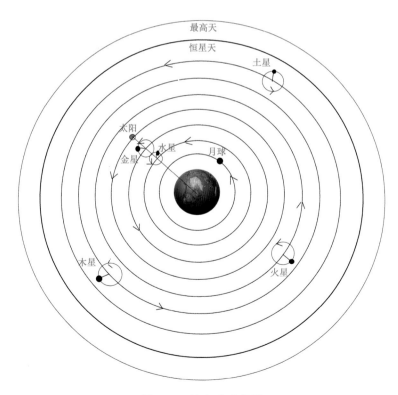

图19.1　地心说示意图

在很长一段时间里，没有人对地心说提出质疑，但是随着人类天文观测精度的提高，地心说与实际观测的误差越来越大，尽管地心说在不断修正，但是依然引起了天文学家们的怀疑，而且他们发现，如果用阿里斯塔克等人提出的猜想来对应观测结果，反而非常吻合。于是在1543年，波兰科学家哥白尼提出了日心说。这个学说一经提出，就得到了许多科学家的认同。但可惜的是，由于教会的势力庞大，宣传日心说的科学家往往会遭到迫害，而且当时的科学家依然没找到地球运动的证据，也没有确凿证据推翻地心说。

　　作者认为第一个推翻地心说的人应该是伽利略，他通过望远镜进行观察，发现木星的四颗卫星围绕木星转动，从而动摇了地心说的基础，地球不是宇宙的中心，并非一切天体都围绕地球运转；而且伽利略发现了惯性，证明了在匀速运动的物体上是感受不到运动的存在的，也就是说，在匀速运动的地球上垂直抛起的小球依然会落到原地，从而解释了为什么我们感觉不到地球运动的问题。

　　后来，证明地球自转的证据被人们找到了。19世纪，法国一位名叫傅科的物理学家设计了一种可以证明地球自转的装置。傅科用一个巨大的摆来进行实验，这个摆由一根长60余米的纤细金属丝悬挂一个27千克重、直径约30厘米的金属球所组成。这种摆被称为"傅科摆"。

　　1851年的一天，傅科在法国巴黎万神庙的圆顶上将他亲手制作的傅科摆吊上，让摆在广场上悠然地摆动。当时有成千上万人前来观看这一奇怪的实验。随着时间一分一秒地流逝，他们发现了有意思的现象，那就是摆的摆动方向在悄悄发生"移动"，并且是沿顺时针方向发生旋转。实际上，摆的方向没变，而是人随着地球自转了一个小角度。傅科选用较长的金属丝，是为了让摆动的时间足够长，这样便于观察摆动的方向变化；选用较重的摆球，是为了增加摆球本身的惯性和动量来克服空气的阻力。

　　不过傅科的第一次实验还是不够明显，他需要一个更长的摆。傅科的第二次实验在天文台大楼，不久之后拿破仑三世又把巴黎一个大教堂安排给他进行最有名的第三次实验。傅科用一根200多英尺长的钢丝绳将一个直径约2英尺的大铁球吊在教堂的圆顶下。摆的下端是一个尖头，正好从地板上掠过，在撒于教堂地板的沙上划出记号。傅科将铁球高高地拉向一侧，用绳子拴在墙上，并采取一切办法使空气和教堂避免一切可能的震动，以免干扰这个巨摆的稳定摆动。当一切平静后，就放火烧断拴摆的绳子（如果用剪刀或刀子切断绳子，就会产生震动，干扰实验结果），绳断了，摆开始了摆动，观众们都静声屏息。随着时间的推移，摆尖划出的记号明显地改变着方向。傅科的实验成功了，他使地球的自转成为可见的事实，而不单是逻辑的推断。

我国北京天文馆的大厅里就有一个傅科摆：一个金属球在一根系在圆穹顶上的长长细线下来回摆动着。下面是一个刻着度数的像铁锅似的大圆盘，人们可以由此读取摆动平面旋转的度数。你也可以去亲眼看一看地球是怎样自转的。

图19.2　北京天文馆A馆大厅里的傅科摆

二、模拟傅科摆

为了理解傅科摆的原理，我们可以做这样一个模拟实验。首先利用支架、细线、小球制作一个摆，然后铺一张纸在转椅或其他可以旋转的平台上，再把摆放在上面。让摆摆动起来，观察摆摆动的方向，并做标记。按逆时针方向缓缓转动转椅，观察摆的摆动方向，与标记的方向相对照，看看会发生什么变化？

站在转椅之外的角度去看，摆的方向基本没有变化；但是站在转椅的角度去看，摆动方向在发生转动，转动的方向和转椅转动的方向相反。这个实验中，转椅模拟的是地球，从摆的方向转动可以看出地球在转动，转动方向与傅科摆的转动方向相反。

傅科摆证明了地球是运动的，它彻底改变了人们对地球、对宇宙的认识。现在我们知道地球在自转的同时还在围绕太阳公转，但太阳也不是宇宙的中心，太阳也是运动的。无论地心说还是日心说，都是人类认识宇宙的一个阶段性结果，我们对宇宙的认识始终在不断的更新中。

阿里斯塔克Aristarchus（公元前315年—公元前230年），萨摩斯（今希腊爱琴海萨摩斯岛）人，是古希腊第一位著名天文学家。阿里斯塔克曾经在雅典学院学习。在亚历山大里亚时期，他提出了最有独创性的科学猜想——日心说。他是历史上第一个提出日心说的人，同时也是第一个测定太阳和月球与地球距离近似比值的人。阿里斯塔克认为，地球每天以自己的轴为圆心自转，每年沿圆周轨道绕太阳转动一周，太阳和其他恒星都不动，而行星是以太阳为中心沿圆周运转。这是最初的日心说猜想。

第20节 行星的运动

太阳系的主宰是太阳，来自太阳的引力、热、光等控制着太阳系这个非常广阔的区域。太阳系所有的行星都和地球一样，因为太阳的引力环绕太阳进行公转，同时还进行自转运动。太阳系八颗行星的公转运动有许多相同的地方，它们都是从西向东在一个近似圆的椭圆形轨道上运行。椭圆的中点两边有两个焦点，它们决定了椭圆的形状，而太阳总是位于其中一个焦点上。这就造成了行星距离太阳时近时远。

行星离太阳近时会不会被太阳吸引过去？离太阳远时会不会飞走再也不回来呢？

行星运动产生的离心力与太阳的引力是相等的，所以会稳定地在轨道上运行。

其实这点并不难理解，进行飞车表演的人能在几乎与地面垂直的墙上飞驰而不下落，是因为他们驾车高速飞驰所产生的离心力平衡了地球的重力，同样的道理，行星绕轨道快速运行，太阳的引力拉扯着它们，阻止它们飞离。

我们可以做个小实验来说明这一点。准备一条长绳，绳头上系一个网球，牵住长绳的另一头，甩动长绳使球围绕头顶做圆周运动，对于行星来说，太阳的引力就好像绳子一样，牵引着行星在轨道上运行。

图20.1　模拟离心力和引力的实验

虽然太阳系内所有的大行星都按照相同的方向围绕太阳公转，但是它们的速度却各不相同。天文学家发现，距离太阳越近的行星，公转速度越快。

我们可以再用刚才的小实验来感受一下。在绳子上距离网球由远到近的位置选取三个点，在不同位置上试着让网球维持最慢的圆周运动。

我们发现，抓着绳子的位置离网球越近，我们就需要让球转得更快才能维持圆周运动；抓着绳子的位置离网球越远，球转得慢一些也能维持圆周运动。

如果让我们按照八颗行星公转速度排序，应该怎样排呢？其实八颗行星离太阳从近到远的顺序就是它们公转速度由快到慢的顺序，因此按照公转速度的快慢排序依次为水星、金星、地球、火星、木星、土星、天王星、海王星。

思 考

行星公转的轨道为椭圆形，所以公转时距离太阳有远有近。那么行星公转的速度是恒定不变的吗？

根据刚才的实验我们可以知道，行星要维持离心力和引力之间的平衡，在离太阳近的时候会转得快一些，在离太阳远的时候会转得慢一些，因此速度不是恒定不变的。

在地球上观测到的行星在星空中的移动称为行星的视运动，这是由于行星与地球公转速度的不同而产生的。在地球上观测，因为我们刚刚讲到的行星运行速度不同，内行星（地球轨道内部的两颗行星）和外行星（地球轨道外部的行星）的视运动有明显的不同。内行星比地球转得快，所以内行星的视运动是行星追赶地球；外行星比地球转得慢，外行星的视运动则是地球追赶行星。由于地球和其他行星的公转都近似于圆周运动，其相对位置的不同会导致视运动的方向发生变化，就是行星的顺行和逆行。

顺行是指行星在天球上向东运动，逆行则是指行星在天球上向西运动，顺行和逆行之间的一段几乎不运动的时间，称为留。

想一想

当地球和行星在太阳的同一侧时，内行星和外行星分别是顺行还是逆行？地球和行星在太阳两侧时，内行星和外行星分别是顺行还是逆行？请用绘图的方式说明。

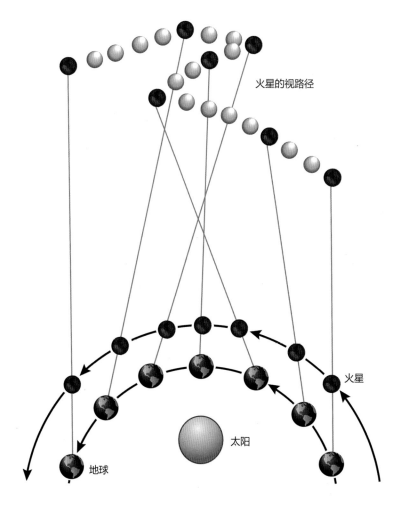

火星的视路径

火星

太阳

地球

图20.2　行星（火星）的视运动、顺行和逆行

　　在地球上观测内行星和外行星的时候，行星、地球与太阳三者之间有许多特殊的位置需要我们注意。它们还有自己独特的名称。下面我们先介绍在地球上观测时，内行星的三种特殊位置：合、凌日和大距。凌日前面已经学过了，我们来看其他两种特殊位置。

　　合：指的是行星合日，就是行星黄经与太阳相等时刻，也就是行星、太阳与地球在同一条直线，并且行星与太阳都在地球同一侧的时候。内行星在每一个会合周期中有两个合，即上合、下合。

大距：指地球观测者看到内行星与太阳角距最大的时刻，有东大距和西大距之分。

下面我们再来看看外行星的三种特殊位置：合、冲和方照。

合：外行星在每一个会合周期中只有一个合。无论是外行星还是内行星，其合前后都不适合观测它们。

冲（大冲）：冲前后是外行星与地球距离最近的时期，且整夜可见，最有利于观测。对于距离地球较近的外行星，特别是火星，分为小冲和大冲。地球和某外行星与太阳在同一条直线上，这一天文现象称为"冲日"，简称"冲"。靠得近的为大冲，靠得远的则为小冲。

方照：指外行星与太阳黄经相差90°的位置，分为东方照和西方照。

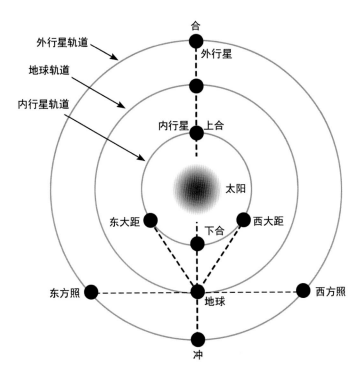

图20.3　内外行星运动、合日大距等

行星的观测在人类认识宇宙、认识自身的过程中发挥着极其重要的作用。正是发现了行星的运动，才让科学家认识到地球的运动，才让人们的宇宙观从地心说向日心说发展。受到设备条件的制约，行星及行星运动的观察曾经是业余天文爱好者很难涉足的，不过近年来，数码技术的发展让行星的观测变得越来越简单，很多爱好者在自家的院子里、阳台上就能完成非常专业的观测。如果你对这方面感兴趣，也可以去学习、尝试。

黄道：从地球的角度看，太阳在天空中经过的轨迹。

黄道坐标：用黄道经线和黄道纬线标示天体在天球上的位置，即为黄道坐标，就好比我们在地球上可以利用经纬线来定位某一个地点的坐标，从而知道它的具体位置。

黄经：即为黄道上的度量坐标，是在黄道坐标系统中用来确定天体在天球上位置的其中一个坐标值（另一个坐标值是黄纬）。

第21节 拍摄星流迹

　　肉眼所见的星空无比壮美，照片上的星空更加美轮美奂！以天文现象或宇宙天体为主要拍摄对象的摄影领域叫作"天文摄影"。随着经济的发展和科技的进步，天文摄影不再是专业工作者的专利，普通人也能大显身手，创作出既有艺术美感又有科学价值的天文摄影作品。

图21.1　星流迹（关　超　摄）

　　这张照片拍摄于白天还是夜晚，你能看出来吗？天空中的亮线是什么？它们是怎样产生的？你认为这幅照片是怎样拍摄出来的？

在很多天文摄影作品中，我们都会看到星体在夜空中划出亮线，这是由于地球自转造成的。我们将天体由于地球自转产生的一天旋转一周的运动称为天体的周日视运动，我们把天体由于周日视运动在照片上留下的轨迹称为星流迹或星轨。这就和车灯在公路上留下光迹是一样的道理。

由于天体的周日视运动相对缓慢，所以仅凭肉眼很难察觉（借助参照物，过一段时间再次观察能够发现）。但是位置固定的相机经过长时间的曝光很容易记录下星体的运动轨迹。如果相机正对着天赤道，照片上的星体将划出直线；如果相机正对着北天极，照片上的星体将成为一个个围绕着北极星旋转的同心圆的一部分。曝光时间越长，星流迹就越长。如果镜头并非指向北天极，星流迹的长短还与镜头的焦距有关。镜头焦距越长，在相同时间内拍摄的星流迹就越长。

图21.2　北天星流迹（赵驿嘉 摄）

一、拍摄地点的选择

要想拍出优秀的星流迹摄影作品，拍摄地点不仅要天气晴朗、空气通透，最好还是个风光秀丽的场所。夜空中的星流迹搭配地面的景物，会让照片更具艺术感染力。

图21.3　兴隆站楼星流迹（王雨博　摄）

二、相机机身的选择

由于拍摄星流迹曝光时间很长，为了避免频繁更换电池的麻烦，建议选择机械相机。由于长时间的曝光会增加数码相机的噪点，使用数码相机拍摄星流迹时，建议采取连续拍摄、后期叠加的方法。使用这种方法不仅能拍摄出更加壮观的星流迹，对天空背景洁净程度的要求也不高，是当今拍摄星流迹的主流方法。目前越来越多的人在用数码相机拍摄星流迹。

三、镜头的选择

一般情况下，星流迹摄影需要与地面景物相搭配，以便表现宇宙的浩瀚与自然的和谐。因此，镜头多选择广角镜头，甚至鱼眼镜头，也有少数人使用标准镜头拍摄星迹，而使用中长焦距镜头拍摄的星流迹作品就十分罕见了。

这里所说的广角、中焦、长焦镜头，指的都是镜头的焦距。镜头焦距越长，视角越小；镜头焦距越短，视角越大。焦距和视角的关系见图21.4。

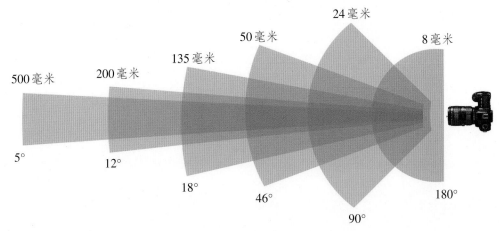

图21.4 镜头焦距与视角（李 鉴 绘制）

在镜头上都标有镜头的焦距。观察一些摄影镜头，你能找到它们的焦距标在哪里吗？

图21.5 摄影镜头的焦距都标在镜头上

为了拍摄到更多的亮星，摄影镜头的光圈越大越好。光圈值一般标在镜头焦距的旁边。镜头的光圈值一般都呈1.4的倍数变化，常见的光圈值为1.4、2、2.8、4、5.6、8、11、16等。光圈值越小，光圈越大；光圈值越大，光圈越小。在焦距相同的前提下，光圈大的镜头能拍摄到更暗的天体，当然镜头制造难度就更大，价格也越高。

图21.6 摄影镜头的光圈值也都标在镜头上

镜头上的光圈是一个控制通光量的装置。它由一些金属叶片制成，像人眼睛中的瞳孔一样可以调节中央孔径的大小。当叶片全开时，即为该镜头的最大光圈。

四、三脚架的选择

三脚架的种类很多，天文摄影要选择那些更加稳固的三脚架。一般来说，好的三脚架又稳又轻，便于携带。不过在天文摄影中，轻便与否可以放在第二位，还是要以稳固为先。

三脚架的云台种类也很多，目前比较流行的是球形云台。但是这种云台在相机和镜头比较重时并不太好用，最好选择三维云台（三向云台、三轴云台）或悬臂云台。

球形云台　　　　　　　三维云台　　　　　　　悬臂云台

图21.7　常见云台

五、其他器材的选择

快门线是天文摄影中常用的附件，在星流迹摄影中更是不可或缺。数码相机大多使用电子快门线，也有些特殊型号的相机可以使用机械快门线。电子快门线有的简单，有的复杂。复杂的电子快门线具有很多功能，可以作为机身功能的扩展和补充。简单的快门线就像是机身快门的延伸，没有其他作用。星流迹摄影的快门线不需要太多功能，但是要求有快门锁。这样当我们按下快门按键并锁住后，相机在连拍模式下便可以连

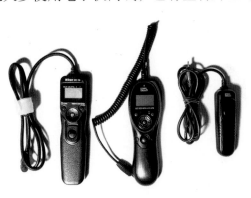

图21.8　快门线

续拍摄了。

六、曝光参数的设定

曝光量是由曝光时间（快门速度）、镜头光圈、机身感光度共同决定的。曝光时间越长、光圈越大、感光度越高，曝光量就越大，这样就能够拍摄到更多暗弱的星体。曝光时间我们设定在10~30秒，光圈尽量全开，主要调节感光度。天空背景亮度是我们考虑的重要问题。天空背景越暗，感光度可以越高，如果天空背景较亮，感光度就可以低一些。在正式拍摄前，我们可以先试拍一张，如果太亮，则降低感光度；如果星体太少，则要增加感光度。需要说明的是，拍摄星流迹时，单张照片上的星空不要过于明亮，否则叠成流迹时往往会过于密集明亮。所以曝光的选择要靠经验和个人喜好而定。

拍摄星流迹不仅可以让我们体会星空之美，也可以让人们理解地球的自转，是科普教育的良好素材，而且它的拍摄难度不大，大家快去试一试吧！

第22节　固定摄影

　　美丽的夜空常常使人们赞叹不已，流连忘返。过去，人们只能通过绘画和文字记录夜空美景，而自从19世纪中叶法国人发明了摄影术以后，天文学家马上想到用摄影的方法将夜空记录下来，这就是天文摄影的开始。随着感光元件和光学元件的不断升级，影像品质越来越好，天文摄影也成为天文研究中非常重要的一种方法。

　　天文摄影一般在夜间进行，因为光线昏暗，往往需要长时间曝光。上节课我们已经学习过，通过长时间曝光，可以拍摄出星流迹，这样的照片能够体现出天体的周日视运动，照片也很具有艺术表现力。

　　星流迹照片很漂亮，可是和我们看到的星空完全不同。怎样才能把星空拍得和我们看到的一样呢？

　　是这样的，在天文摄影中，人们希望得到更加真实的星空影像，而且也找到了有效的方法。

要想把天体拍摄成亮点而不是亮线，有两种方法，一种是在固定摄影中尽量缩短曝光时间的方法，一种是跟踪摄影的方法。第一种方法更简单，对设备的要求也更低，适合初学者掌握。

　　固定摄影，顾名思义就是把相机固定在一个位置进行曝光的一种摄影法，所以日常生活中，人们端稳相机或把相机接在三脚架上拍照，都算是固定摄影。我们今天要讨论的是对星空的固定摄影。它与我们平时的摄影还是有区别的。星空摄影中的固定摄影所需要的器材，跟我们日常生活中拍风景、人物用的器材大同小异，不同的是：天文摄影曝光时间相对较长，所以也有人认为固定摄影不属于天文摄影，而属于风景摄影。另一方面，固定式天文摄影对镜头光圈、成像质量和机身的控噪能力要求更高。

　　还记得我们拍摄的星流迹吗？由于地球在自转，在长时间的曝光之下，星

图22.1　星空点点（朱奕霖 摄）

体在照片上画出了一道道亮线，而不是我们眼睛看到的点点星光。但是我们也会见到一些这样的照片，上面的星星和我们眼睛看到的一样呈点状，难道地球的自转对它们没有影响吗？

事实上，我们拍摄的对象经常是运动的，有些还运动得非常快，但是在照片上，它们像是被凝固了，其原因就是拍摄时的快门速度足够快。在快门打开的几千分之一秒甚至更短的时间内，物体的运动范围很小，几乎无法觉察，这样就好像凝固了一样。如果快门速度不够快，就会产生另外的效果了。拍摄星空也是一样，当快门速度在一定范围内的时候，星体的视运动难以被觉察出来，星体便形成点状。这个速度范围或者说是曝光时间范围的上限叫作"极限曝光时间"，只要在这个时间范围内曝光，星体在照片上看起来就是点状的。

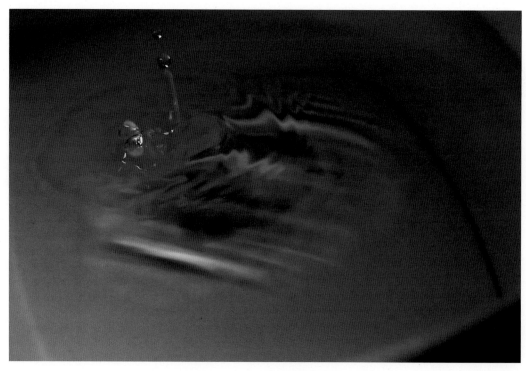

图22.2　照片上被凝固的水珠

极限曝光时间的确定可以参考下面的表格。

表22.1 星空摄影的曝光时间极限值参考表

焦距 （毫米）	极限曝光（秒）				
	赤纬0°	赤纬20°	赤纬40°	赤纬60°	赤纬80°
21	33	35	43	65	187
28	24	26	32	49	140
35	20	21	26	39	113
50	14	15	18	27	79
105	7	7	9	13	38
135	5	5	7	10	29
200	3	4	4	7	20

表22.1中的焦距指的是全画幅镜头的焦距。由于目前数码机身所使用的感光元件尺寸不一，相同焦距的镜头安装在上面的视角并不一致。为了方便起见，出现了"等效焦距"这个概念。不同画幅的感光元件乘以一个系数后，可以转化为等效焦距，也就是相当于全画幅镜头的焦距。这样，人们就可以方便地使用表22.1中的数据了。

例如，APS-C①画幅的照相机画幅转换系数为1.5，那么50毫米焦距的镜头等效焦距即为75毫米，也就是它拍摄的效果相当于全画幅相机安装75毫米焦距镜头拍摄的效果。有些相机的转换系数为1.6，那么50毫米焦距的镜头等效焦距即为80毫米。需要注意的是，等效焦距并不完全准确，实际使用中我们会发现它们的视角还是存在一定差距的。而且即使在极限曝光时间内，星体实际上也发生了轻微的移动。因此如果可能，还要进一步缩短曝光时间。

---

① APS-C：Advanced Photo System type-C，缩写为APS-C，译为先进摄影系统C型。

通过极限曝光时间表还可以看出，镜头的焦距越短，曝光时间的极限就越长。要拍摄完整的星座，镜头的视角也必须要涵盖星座所占天区的范围。物美价廉的标准镜头就已经能拍摄出大部分星座了。镜头视角越大，取景就越容易，但并非镜头的视角越大越好，因为像质相同的镜头，视角越大，价格越贵，而且镜头的有效口径就越小，这样暗星就拍不到了。

极限曝光时间对相机而言不是问题，常见的数码相机的曝光时间可以在30秒至1/8000秒范围内轻松变换。固定式天文摄影的困难在于要在极限曝光时间内完成充分的曝光。除了满月、金星等少数天体以外，多数星光过于暗淡，几秒钟的曝光要想拍摄出灿烂的星空，需要镜头有足够大的光圈以及机身有足够高的感光度，这就不是一般数码相机能够胜任的了。一些用低端数码相机和镜头拍摄的天文摄影作品画面暗淡而且噪点偏多，虽然通过后期技术处理，像质能得到一定提升，但是依然很难表现出星空之美。因此，如果条件允许，配备高端相机和大光圈专业镜头还是非常必要的。

镜头的光圈大，有效口径就大，有效口径大进入镜头的光线才能更多，才能拍摄到更暗的天体。有效口径表示了镜头的集光能力与镜片的大小不完全相同。有些镜头（如鱼眼镜头）虽然看起来很大，但是有效口径却只有前端镜片直径的十几分之一甚至是几十分之一。有效口径的计算公式为：有效口径（毫米）=镜头焦距（毫米）÷所用光圈。

在镜头焦距相同的前提下，向北拍摄的极限时间更长，因此能得到更加充分的曝光，无论是夜空中的天体还是地面上的景物，都可以拍摄得更加明亮一些。而向南拍摄，极限时间相对较短，就更难得到充分的曝光了。

算一算

一个50毫米的镜头在光圈2.0的情况下拍摄，有效口径多大？

图22.3　向北拍摄，景物得到充分曝光（岳卓锋 摄）

　　固定式天文摄影方法非常简单，对设备、技术的要求也不太高。设备上，只需要照相机、三脚架和快门线，即便是普通的镜头也可以拍摄。拍摄时，取景非常重要，完成构图后可以通过相机的实时取景功能准确对焦。相机最好设置在手动挡，将曝光时间控制在计算好的极限曝光范围之内，然后试拍一张，通过回放观察拍摄情况。如果曝光过度就进一步缩短曝光时间或降低感光度；如果曝光不足就提高感光度（不要延长曝光时间）。只要勤加练习，一定能拍摄出优秀的作品！

下面我们以星座摄影为例简单介绍一下拍摄流程。

1. 拍摄准备

首先要选择一个视野开阔、空气洁净、远离光污染的场所。最好带活动星图和手电，用于认星；另外，备齐御寒的衣物也是非常必要的，因为即使是夏季的夜晚，山区和郊外的气温也比较低。"饱带干粮热带衣"用在天文摄影活动中非常合适。

2. 拍摄过程

（1）查看星图，看看星座位置与范围，选择能覆盖整个星座的镜头。

（2）架起三脚架，装上照相机、快门线等附件。

（3）将镜头对焦于无限远处或远处明亮的物体，再锁定焦距。

（4）构图，对准要拍摄的星座，观察是否处于取景范围之内。

（5）全开光圈缩小半挡或一挡。

（6）设置快门速度，将快门设置在极限曝光时间范围以内。

（7）尽可能轻地按下快门线进行拍摄，并注意观察回放画面，确定曝光、对焦、取景是否需要调整。

（8）进行调整，尽量达到最佳状态。

（9）记录摄影数据备用。

3. 拍摄中可能出现的问题

（1）对焦不实

如果是根据标尺对焦，则说明标尺不准；如果是对焦无限远的情况下对焦不实，说明拍摄时对焦环转动了，解决方法就是将镜头固定住。

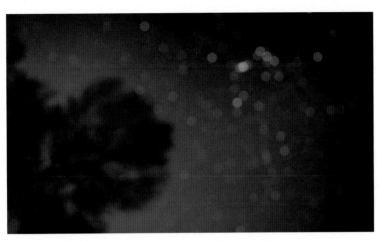

图22.4　对焦不实时的拍摄效果

（2）曝光时间长

如果星点成了短线，说明曝光时间过长，要缩短曝光时间。

图22.5　曝光时间过长形成了星流迹

（3）相机震动

　　相机在开启快门的过程中难免会震动，坚固的三脚架和优质的快门线可以解决这个问题，也可以用一块黑色的板（布面或者鼠标垫等反光率低的材质效果更佳）充当快门。使用时将快门调至B门后，将黑挡板放在镜头前，不要接触镜头，完全挡住镜头后迅速按下快门并锁住，待相机停止震动后，迅速移开挡板，开始曝光，曝光时间一到立即用挡板遮住镜头结束曝光，关闭快门。这个方法经济实惠，熟练掌握后效果非常好。

固定式天文摄影方法虽然简单，但掌握好也能拍摄出非常精彩的作品。只要我们不断学习、不断实践、不断反思，就能得到不断提高，说不定在我们之中也会出现天文摄影的高手呢！

第23节 时间和方向

　　无论在天文观测时，还是户外活动中，辨别方向都十分重要。你能够正确辨认方向吗？也许你觉得这十分简单，也许你觉得这并不重要，但是在某些情况下，辨别方向十分重要，而能否正确辨认方向可能会决定人是生存还是死亡。

图23.1　原始人狩猎（周子琦 绘）

一、方向的由来

　　在远古时期，我们的祖先经常因不能辨别方向而迷路；户外探险中，很多人也因迷失方向而危及生命。你能帮他们想一个办法来辨认方向吗？

也许你想到了利用太阳辨别方向的方法。在远古时期，发现这个方法可是一个伟大的创举！从此，人们才有了"方向"的概念。由于地球的逆时针自转，造成了太阳东升西落的视运动。有了太阳作为参照，聪明的人类学会了在白天辨别方向的方法。

虽然根据太阳能大体辨认方向，但是也存在着不小的误差，特别对于缺乏经验的人来讲，有时难以准确判断方向。我们知道，方向与太阳的位置是紧密联系的。人们判断所处位置时，一般以太阳升起的地方作为东方，确定好东方后，面向东方进而衍生出西、南、北三个方向，从而根据方向判断出所处的具体位置。事实上，由于地球不仅在自转，还在以一定的倾斜角度围绕太阳公转，造成太阳并非总是从正东方升起，有时东边偏北，有时东边偏南。这就会让没有经验的人在判断方向时产生误差。

许多年后，我们的祖先又发明了立竿见影的方法来指示"正南"的方向。用一根标杆（直杆）插在地上，使其与地面垂直。在正午前把一块石子放在标杆影子的顶点 A 处，并测量点 A 到杆子的距离；随着时间的推移，影子的长度发生变化，当影子长度重新到达刚才测量的长度时，记录下 B 点。将 A、B 两点连成一条直线，这条直线的指向就是东西方向。与 AB 连线垂直的

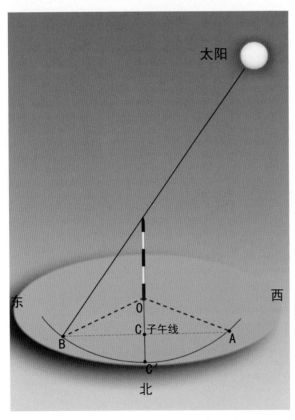

图23.2　立杆测影，正午杆影指向北方

方向则是南北方向，朝向太阳的一端是正南方。

相对于白天，在晴朗的夜晚辨认方向反而准确得多。古人在满天繁星中找到了一颗似乎是一动不动的星星，它就是北极星。根据图23.3所演示的方法，你也可以找到它。

北极星最神奇的地方在于，我们所看到的天空和日月星辰，实际上都是不断变化的，东升西落，阴晴圆缺。只有北极星这位老兄，纹丝不动，安安静静，永远在那里守候。晴朗的晚上，出门抬头40度左右向北看过去，它一定在那里。

图23.3　利用北斗、仙后座找北极星

地球在不停地自转，星空背景在不断变化，为什么只有这位老兄不动呢？我们都知道地球有北极和南极。从北极到南极，有一根我们想象出来的地轴，把这根地轴不断延长，向北就是北极星的位置。因为北极星几乎就在地轴的直上方，所以在我们看来，它是天空中唯一不动的那颗星。那为什么没有南极星呢？因为把地轴不断向南延长，很可惜，那里并没有一颗比较亮的星星，那里是一片黑暗。所以，北极星是老天送给北半球人们的一个礼物。

尧时人们就注意到北极星的特殊位置，用来夜间辨别方向，距今起码也有5000多年的历史了。

实　践

请你用地球仪模拟一下，找一找在地球自转的时候，哪个位置的星星在我们看来是不动的。

二、辨别方向的方法

人们在长期的生产实践中，掌握了很多辨别方向的方法：

1. 看太阳。如果天晴，看太阳能很好地帮助我们辨别方向。我国大部分地区在北回归线以北，正午太阳位于天顶偏向南方，对着太阳，前面是南，背面是北，左面是东，右面是西；早晨起来，面向太阳，前面是东，后面是西，左面是北，右面是南；傍晚对着太阳，前面是西，背后是东，左面是南，右面是北。

2. 看树冠。树木南面受到阳光照射的时间较长，枝叶长得茂密些；北面受到阳光照射较少，枝叶稀少些。

3. 看乔木林和灌木丛。如果你注意看的话就会发现，北方的山岳、丘陵地带，茂密的乔木林多生长在阴坡，而灌木林多生长在阳坡。要是在大山里迷了路，注意这点非常重要。就同一棵树而言，向阳一面的枝叶明显比朝北一面的茂盛得多。

4. 利用手表辨别方向。晴天的时候，利用手表可以辨别方向。例如，现在是上午10点，10除以2是5，把手表上5的刻度对准太阳，12所指的方向就是正北。用口诀记忆就是"时间折半对太阳，12指向是北方"。

5. 观察蚂蚁窝。树下和灌木附近的蚂蚁窝总是在树和灌木的南面。在自然界，有很多动物都很聪明，它们都会选择向南的朝向筑巢。

6. 看丘陵上的积雪。南坡比北坡融化得快些。沟里的积雪，朝南的一面比朝北的一面融化得快些。

7. 看青苔。青苔喜欢阴暗潮湿的环境，石头上的青苔往往生长在北面。

8. 看建筑物、庙宇、宝塔及一般农家住房大都坐北朝南。清真寺的门则朝向东方。

9. 利用指南针辨别方向。指南针是我国古代四大发明之一。古代人根据磁石的指极性原理，发明了司南，司南就是最早的指南针。指南针出现以后，发挥了巨大的作用，被广泛应用在日常生活、航海、军事等方面。

这些方法虽然容易理解，不过还要在实践中反复应用才能熟练掌握。希望大家在外出时多多实践，或许在关键的时候能发挥作用。

三、时间雕塑——日晷

方向的概念来源于天文，时间的概念同样来源于天文。无论是年、月、日还是"时"与"刻"，都是人们通过天文观测建立起的时间概念。比如通过观察太阳升起落下的运行规律，人们确定了"一日"；通过观察恒星在同一时间未知变化的运动规律，人们确定了"一年"；通过观察月球在天空中位置变化和月相变化的规律，人们确定了"一个月"。而"时"与"刻"的认识就要借助仪器了。

现代人用钟表看时间，古人没有钟表，怎么才能知道时间呢？别担心，古人有他们的计时工具，中国最早的"钟表"叫作"日晷"。日晷又称"日规"，原指太阳的影子，是古人利用日影测得时刻的一种计时仪器。日晷通常由晷面和晷针两部分组成，它被安放在石台上，使晷面平行于天赤道面，这样，晷针的上端正好指向北天极，下端正好指向南天极。

图23.4　南开大学校园里的赤道式日晷

在北京古观象台、故宫等地，我们都能见到类似的赤道式"日晷"。当阳光照射到上面的时候，晷针就会投下自己的影子。影子落在晷面的刻度盘上，所指示的时刻大致就是当时的时间。

古人很早以前就懂得利用物体在阳光下的影子变化来观测太阳运动。从最早的"立竿见影"到日晷的发明，经历了漫长的岁月。日晷作为古人用来计时的重要器具之一，它的创意正是来自地球。地球本身其实就是一个大钟，因为地球每24小时自转一圈，正如时钟的时针每12小时转一圈。而要知道地球转到哪里，则可以用太阳来做参考点。于是古人想到利用一支长杆的影子，来量度太阳在天空中的位置，从而显示时间。以此原理造出来的计时装置，便是日晷。

最简单的日晷是在圆盘的中心穿过一根平行于地球自转轴的棒子，使圆环的平面与地球的赤道面平行。在盘的两面都标示上时间，以便能利用棒的投影来指示时间。通常正午位在环的最低处，早上6点标示在环的西侧，黄昏6点在环的东侧。在冬季，盘的北侧照不到阳光，必须使用盘的南侧；在夏季，阳光照射在盘的北侧，南侧的盘面就不能使用了。在这种设计中，棒子就是晷针；晷面就是圆盘的两个平面。在夏季，晷针的北端可以作为节点，但到了冬季，节点就要换成南侧的端点了。在晷面上可以刻上一系列的同心圆让节点可以指示出日期，这样的日晷不仅可以当成钟表，还可以当成日历来使用，晷影显示时间，节点显示日期。这种具有固定盘面的赤道式日晷有一点不方便的地方，就是当太阳在天球赤道时，也就是在分点的前后，很难读取到盘面上的数据。

思 考

除了阴天不能读取时间以外，传统的赤道式日晷最大的缺点就是在春分、秋分前后看不清日影，因而无法判断时间。你有办法解决这个问题吗？

事实上，比投影到斜置的赤道面上更普遍的情况是太阳影子投射在地面上和竖直的墙上，由此产生出另外两大类型的日晷：地平式日晷和垂直式日晷。这三种类型的日晷互相关联：赤道式日晷的晷针如果向下延长，接触地平面，就得到地平式日晷；赤道式日晷的晷针如果向上延长，接触某一个竖直平面，就得到垂直式日晷。因此，地平式日晷和垂直式日晷的时间线，都可以由赤道式日晷的时间线推演出来（当然也可以用公式计算出来）。我们可以利用这两种日晷来弥补赤道式日晷在春分、

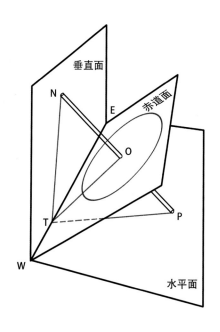

秋分前后看不到日影的不足。

　　地平式日晷和垂直式日晷测时的精度都不如赤道式日晷，地平式日晷和垂直式日晷都需要根据日期的不同进行数值的修正，所以直到现在，依然有人致力于日晷的改进。

　　日晷虽然是古老的计时工具，但时至今日依然在发挥作用。除了计时，它兼备文化内涵和艺术欣赏价值，有"时间雕塑"的美誉，在很多地方形成了一道亮丽的风景。相信它作为人类劳动智慧的结晶，会得到永久的传承。

第24节　扑克牌中的历法

有些人认为天文学离我们的生活过于遥远，其实无论早期的农业生产还是未来寻找另一个家园，天文学对于人类的生存和发展都是至关重要的。而且我们接触的很多日常生活用品，都蕴含着天文学原理。比如钟表的表盘，是日晷的晷面发展来的；代表权力的权杖，是测日影的表杆的演化；甚至很多人都喜欢玩的扑克牌，也体现着天文历法。

图24.1　扑克牌

我可喜欢玩扑克牌了！可是并没有发现天文知识，上面也没写着天文历法呀！

扑克牌中的天文知识不是写或者画出来的，而是蕴含在扑克牌的设计中。要想了解这里面的奥秘，你先回答几个问题。

问 题

扑克牌有＿＿＿＿＿＿个花色；扑克牌的花色对应的是＿＿＿＿＿＿；
一副扑克牌有＿＿＿＿＿＿张；扑克牌的张数对应的是＿＿＿＿＿＿；
把牌面上的数字加起来等于＿＿＿＿＿＿；牌面上数字之和加上小王代表的
是＿＿＿＿＿＿；再加上大王总张数代表＿＿＿＿＿＿。

扑克牌有四个花色，对应着一年四季；其中红色代表白天，黑色代表黑夜。扑克牌有 54 张，其中 52 张正牌，代表一年 52 个星期；另外两张（大王和小王）分别代表着太阳和月亮。扑克牌中每个花色是 13 张，代表每一季是 13 个星期。91 天，13 张牌的点数相加正好是 91（1+2+3+……13=91）。四种花色的点数加起来，再加上小王的一点，是 365。如果再加上大王的一点，那就正好是闰年的天数 366 天。一副扑克牌，反映了人们对历法的基本认识。

所谓历法，简单说就是根据天象变化的自然规律，计量较长的时间间隔，判断气候的变化，预示季节来临的法则。或者说，推算年、月、日的时间长度和它们之间的关系，制定时间序列的法则称为历法。

天文学是历法的基础，中国古代的天文历法知识，就是在农业生产的实践中不断积累起来又直接为农业生产服务的。在尧舜时期，就有关于羲和、羲仲在河洛地区观察日月星辰以定四时的传说，说明中国很早就有了熟悉天文、制定历法的专职

图24.2 天文学家僧一行

人员，天文学和历法早就很发达。

夏代的历法是中国最早的历法，当时已经依据北斗星斗柄所指的方位来确定月份。保存在《大戴礼记》中的《夏小正》，就是现存的有关"夏历"的重要文献，是中国最早的天文历法著作。司马迁在《史记·夏本纪》中说："孔子正夏时，学者多传《夏小正》。"《夏小正》按十二月的时序详细记载上古先民所观察体验到的天象、气象、物象，形象地反映出上古先民对时令气候的朴素认识，是华夏民族数千年天文学史的初始阶段——观象授时的结晶，是中国现存的一部最古老天文历法著作。事实上，所有的人类文明都是根据天象来制定历法的。

公元前2700年左右，古埃及人发现每当太阳和天狼星同时升起在地平线上的时候，尼罗河水就要泛滥。这个周期大约是365天。他们以太阳的运行为依据制定了每年365天的历法，这就是太阳历。他们的历法把一年分为12个月，每个月30天，再加上5个节日，正好是365天。

四千七八百年前，古代巴比伦人又根据月亮圆缺的变化定下了"月"的长度。他们发现两个月圆月缺的变化周期为59天，那么一次月圆月缺的变化周期是29.5天。古巴比伦人以月亮为依据制定的历法被称为阴历。

虽然历法依据的是天象观测的结果，但是这里面也掺杂着人为干扰的因素。公元前1世纪，Gaius Julius Caesar（后称恺撒大帝）征服了古埃及和希腊，他命人重新制定了历法。历法规定，一年有12个月，单数月为大月，每月31天；双数月为小月，每月30天。但是这样一来，每年就变成了366天。为了让一年恢复365天，恺撒将二月减去了一天，于是，2月变成了29天。后来，恺撒去世，继位者奥古斯都出生于8月。他不甘心自己出生的月份为小月，就下令将8月改为大月，而且8月以后的双月都改为大月，这样一来，大月就变成了1、3、5、7、8、10、12，和现在的历法一致。不过这样一来，一年再次变成了366天，于是他又命令在2月减去一天，所以2月便成了28天，只有到了闰年，才恢复到29天。

阴历的一个月总不能是29.5天吧！

人们采取了"凑整"的方法来解决月相变化不是整天数的问题，一个月29天，一个月30天，问题就解决了。实际上，闰年、闰月的出现都是凑整的结果。

　　随着人类文明的进步，已经不会再出现傲慢的独裁者随意改变历法的情况，国际上的历法也逐渐统一。目前被世界广泛使用的历法是格里历，它规定能被4除尽的年份为闰年，但对世纪年（如1600，1700，……），只有能被400除尽的才为闰年。这样，400年中只有97个闰年，比原来减少三个，使历年平均长度为365.2425日，更接近回归年的长度。格里历又叫公历。中国于1912年开始采用公历，1949年中华人民共和国成立后，采用公历纪年，同时也在使用农历。农历也叫阴阳合历。它用严格的朔望周期来定月，又用设置闰月的办法使年的平均长度与回归年相近，兼有阴历月和阳历年的性质，因此在实质上是一种阴阳合历。农历把日月合朔（太阳和月亮的黄经相等）的日期作为月首，即初一。朔望月的平均长度约为29.53059日，所以有的月份是30日，称月大；有的月份是29日，称月小。月初所在的日期，按太阳和月亮的位置来推算，不机械地安排。农历以12个月为一年，共354日或355日，与回归年相差11日。为此，通过每19年安插7个闰月的办法加以协调。闰月的安排由二十四节气来决定。

阴历目前只有伊斯兰国家和地区在使用，又称回历。它纯粹以朔望月为历法的基本单位，奇数的月份为30日，偶数的月份为29日，12个月为一年，共354日。12个朔望月实际上约有354.3671日。为使月初和新年都在蛾眉月出现的那一天开始，回历采用如下置闰法：每30年为一个循环周期，设11个闰日。其中第2、5、7、10、13、16、18、21、24、26、29年为闰年。闰年的12月为30日，共355日。回历的起始历元定在穆罕默德从麦加迁到麦地那的一天，即公元622年7月16日。

在人类历史上，出现过的历法不计其数，它已经成为人类文明的一部分。在遥远的未来，当人类完成宇宙迁徙，踏足另一颗"地球"的时候，还会有新的历法诞生。历法让人们有了准确的时间概念，为人们的生产生活提供了保障。

张老师的星空课堂

回归年：又称为太阳年，它是指平太阳连续两次通过春分点所间隔的时间。也就是说，太阳中心沿黄道从春分点出发，自西向东运行一周后，又回到春分点所经历的时间。同恒星年一样，回归年也是地球公转周期，是四季的变化周期。因为采用的时间体系不同，它们的时间周期有所不同。

相对于恒星年采用的是钟表时体系，回归年的时间采用的是地球表面真太阳时体系。回归年的时间体系是天文学家根据太阳系运行规律提前计算出来的。根据公元1980—2100年每回归年的时间长度计算，1回归年=365.2422日，即365天5小时48分46秒。这是根据121个回归年的平均值计算的结果。但是，需要注意的是，每个回归年的时间长短并不相等。

第25节　望远镜的发明

在中国古代的传说中，有个叫"千里眼"的神仙。他的法力并不出众，神通也并不广大，但是他有一个独特的本领——能够远观千里。

图25.1　千里眼和顺风耳（李家熙 绘）

人们为什么要编造出这样一个神仙呢？

眼睛是人类认识世界最重要的工具，只有把事物看清楚，才更容易认识它。但是，人眼的分辨能力终究是有限的，我们难以看清太小或太远的物体，这让人们感到十分不便。人们是多么希望拥有一双能够看得很远很远的眼睛啊！"千里眼"的传说，体现的就是这样的美好愿望。

天文学的研究依赖于人们的观察和思考，古人通过细致的观察和深入的思考，在2000多年前就能计算日食月食出现的周期、地球的直径、日地距离日月距离以及了解月相的成因，取得了非常大的成就。但是在之后大约1500年的时间里，天文学的发展几乎完全停滞了，就是因为肉眼观察已经达到了极限。如果解决不了这个问题，天文学就不会有新的发展。

好在人们远观千里的愿望在400多年前就被实现了，人们发明了一种科学仪器，早期被人们称作"千里眼"。大家知道它是什么吗？

图 25.2 伽利略制造的天文望远镜模型

　　这种仪器就是大家熟知的望远镜。图 25.2 是意大利著名科学家伽利略亲手制作的望远镜的模型，他就是用这架望远镜观测天体，取得了巨大的成就。

　　在没有望远镜之前，人们只能观察到 6 等以上的亮星，全天 6 等以上的亮星不超过 7000 颗，实际上单单一个银河系就有 1400 亿颗左右的恒星！有了望远镜，人们才能得到更多来自宇宙的信息，所以在伽利略之后，天文学迎来了飞速的发展，直到现在也没有停止前进的步伐。

　　伽利略通过他制造的望远镜，在天文学方面取得的成就足以令当时的人们所震惊。他发现月球表面并不像人们想象的那么光洁，而是布满了大大小小的环形山，就像一张"麻子脸"；他发现金星也像月球一样有盈亏变化；他发现土星有光环……特别是他发现了木星的 4 颗卫星围绕木星公转，这在当时可是重大的发现。因为当时人们信奉的地心说的基础是一切天体都围绕地球转动，伽利略的发现无疑是对地心说最有力的反驳。可惜当时还没有发明照相技术和摄像技术，所以伽利略用手绘的方法记录下他的重大发现。

由于伽利略使用望远镜取得了重大发现，很多人认为伽利略是望远镜的发明者，但他自己却不承认这一点。他说，是一个荷兰人发明了望远镜，他是在听到这个消息后制造望远镜并将其用于天文观测的。

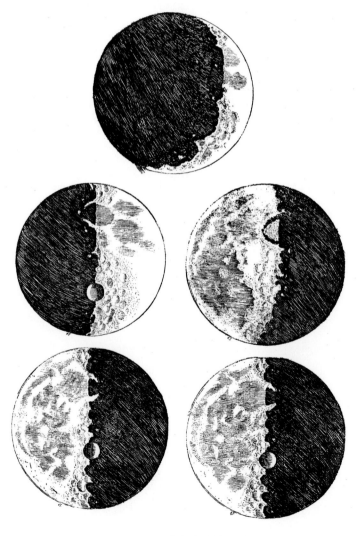

图25.3　伽利略手绘月面图

关于望远镜的发明，的确存在着许多争论。现在比较流行的说法是，荷兰密特尔堡镇一家眼镜店的主人利伯希，为检查磨制出来的透镜质量，把一块凸透镜（凸透镜是中间厚、边缘薄的透明镜片）和一块凹透镜（凹透镜是中间薄、边缘厚的透明镜片）排成一条线，通过透镜看过去，发现远处教堂的风向标好像变大了，而且被拉近了，于是他在无意中发现了望远镜的原理。也有人说是利伯希的儿子在玩镜片时无意中发现了这个原理，不管怎样，最后都是利伯希申请了专利，并遵从当局的要求，制造了一个双筒望远镜。据说此后密特尔堡镇有好几十个眼镜匠都声称是自己发明了望远镜，西班牙也有人声称是自己发明了望远镜，还有人说望远镜是中国人或犹太人发明的。不过从知识产权的角度讲，申报专利的利伯希是法定的望远镜发明者。与那些没有做出什么贡献却为了名利打得头破血流的人相比，伽利略主动声明望远镜不是自己发明的，他的品德更显伟大！为了纪念伽利略，人们将这种望远镜称为"伽利略式望远镜"。

几乎与伽利略是在同一时间，德国的天文学家开普勒也开始研究望远镜，他在《屈光学》里提出了另一种天文望远镜的结构，这种望远镜与伽利略的望远镜不同，它是由两个凸透镜组成的，能看到的范围比伽利略的望远镜更宽阔。但开普勒没有亲自制造他所设计的望远镜，而是由沙伊纳于1613—1617年间首次制作出了这种望远镜。不过由于是开普勒率先设计出了这种望远镜，它依然被称为"开普勒式望远镜"。

沙伊纳使用自己制造的望远镜进行天文观察，重要的贡献之一就是证明了太阳上面有黑子。当时，不少人曾经利用望远镜看到过太阳黑子，但是却认为太阳上观测到的黑斑可能是透镜上的尘埃所引起的错觉。于是，沙伊纳做了8架望远镜，一架一架地观察太阳，无论哪一架都能看到相同形状的太阳黑子。不同望远镜镜片上的尘埃不可能出现在相同的位置，也不能形成相同形状的黑斑，从而他证明了黑子确实是观察到的真实存在。在观察太阳时沙伊纳使用了特殊的遮光玻璃，伽利略没有加此保护装置，结果伤到了眼睛，最后几乎失明。

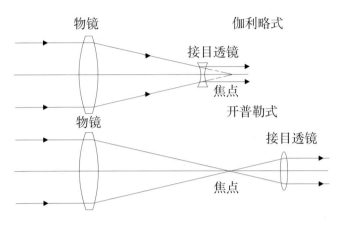

图 25.4 两种望远镜对比

开普勒制作的望远镜的结构和伽利略望远镜的结构同样简单，一定有很多人曾有意或无意中制作出来过，但是马上就否定了开普勒式望远镜。因为它呈倒像，也就是说看到的物体是上下相反的。这对很多人来说无法接受。

图 25.5 难以被人接受的倒像

不过科学家们可不这样看，开普勒式望远镜成像更清晰、视野更开阔，倍数也可以做得更大。这些都是衡量望远镜质量的重要标准。至于倒像的问题，不仅对看清物体的影响不大，而且有多种办法可以解决这个问题。现在正规的望远镜中已经没有伽利略式望远镜了，完全被开普勒式望远镜所取代。那些我们看起来是正像的望远镜，也是开普勒式望远镜经过改造，把倒像正了过来。

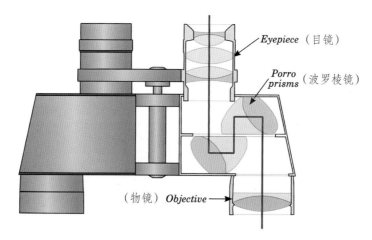

图25.6　双筒望远镜依靠两个棱镜把倒像改为正像

　　伽利略式望远镜和开普勒式望远镜都是利用透镜的折射原理成像的，都属于折射式望远镜。它们有一个先天的缺点，就是由于不同色光经过折射会产生色散，会产生一种称为"色差"的成像缺陷。

图25.7　光的色散

223

牛顿发现了光的色散，并悲观地认为这是无法避免的缺陷。不过后来他找到了解决的方法，设计制造出了另外一种望远镜。

折射望远镜的物镜是凸透镜，通过折射可以把光线汇聚在一起；而凹面反射镜也可以把光线汇聚在一起，不过是通过反射。于是牛顿用凹面镜替代凸透镜，发明了反射式望远镜。为了便于观察，他还用一面45°平面镜进行反光，把光路引到镜筒之外，以便于人们观察。

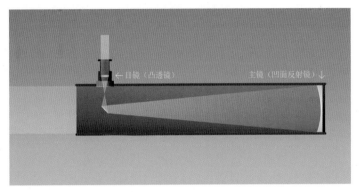

图25.8（1）　牛顿式反射望远镜光路图

图25.8（2）　反射望远镜

反射望远镜发明后的200年里，反射材料一直限制着它的发展，直到1856年，德国化学家尤斯图斯·冯·李比希研究出了一种方法，就是在玻璃上镀一层薄银，再将这层银的表面轻轻抛光，这样就能反射出更多的光，从而使制造更好的反射式望远镜成为可能。反射式望远镜确实不会产生色差，不过由于另外一面反射镜正好挡在了入射光路的中心，影响了反射望远镜的成像质量，因此在理想状态下，反射望远镜的成像质量还是比不上折射望远镜。但是，反射望远镜可以造得更大，成本也更低，因此反射望远镜在大型望远镜中得到了广泛的使用，并且出现了很多不同的类型。不过，它们都是依靠反射原理来成像的，所以都属于反射式望远镜。反射式望远镜通常利用一个凹的抛物面反射镜将进入镜头的光线汇聚后反射到位于镜筒前端的一个反射镜上，然后再由这个反射镜将光线反射到镜筒外的目镜里，这样我们便可以观测到星空的影像。

由于折射望远镜和反射望远镜都有优缺点，人们就想发明一种能够兼顾二者优点的望远镜。你觉得这种望远镜应当如何设计呢？科学家想到了同时应用折射与反射原理设计望远镜。这种望远镜就是"折反射式望远镜"。

图25.9（1）　折反射望远镜

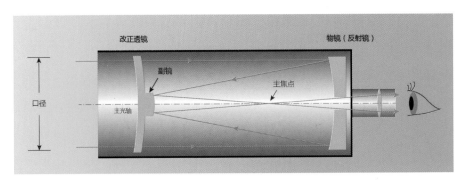

图 25.9 （2） 折反射望远镜光路图

大家看，折反射望远镜是不是很像两种望远镜的合体呢？经过不断改良，折反射望远镜的确兼顾了两种望远镜的优点。但是为什么它没有取代折射望远镜和反射望远镜呢？

世界上没有两全其美的事。折反射望远镜虽然兼顾了二者的优点，但也没有避免二者的缺点。它没办法像反射望远镜那样做得非常大，也没办法达到折射望远镜那样优异的成像质量。所以，折射、反射、折反射望远镜是并存的，如何选择得看具体的条件和需求了。

实践活动：制作望远镜

如条件允许，请利用望远镜制作材料自制一架简易望远镜。

色差：简单来说就是颜色的差别，它又称为色像差，是透镜成像过程中不可避免的缺陷。以多色光为光源的情况会产生色差，而单色光则不产生色差。光是一种电磁波。其中电磁波谱中人眼能够感知的部分称为可见光，它的波长范围大约在400~700纳米之间。我们的眼睛之所以能识别出不同的颜色，就是因为光的波长不同。波长不同的可见光，其通过透镜时的折射率是不一样的，因此如果影像为一个点，它通过透镜折射就形成一个色斑。

第26节　双筒望远镜

在各种望远镜中，人们最熟悉的应该是双筒望远镜了。无论在体育馆、剧场，还是在旅游景区，我们都能看到它的身影。我们也可以利用它进行一些天文观测。

是不是只有那种超大的双筒望远镜才能进行天文观测呢？

也不是，只要找对了观测目标，口径稍大一些的双筒镜就能在天文观测中发挥作用。

图 26.1　观光用大型双筒望远镜

一、如何选择双筒望远镜

有一架大双筒望远镜当然好，不过口径在五六厘米左右，放大倍率为 6 倍或 8 倍的双筒望远镜也可以进行基础的天文观测。

许多资深的天文爱好者都会为自己配备一架双筒望远镜，它具有成像明亮、视场大、携带方便、价格便宜等优点。除了天文观测，也可以用它来观看一场球赛、演唱会或是观察天上的飞鸟。

双筒镜是折射望远镜，所以也分为伽利略式和开普勒式。伽利略式双筒镜结构简单，镜筒较短，价格也较低，但是，它的放大率一般不超过 6 倍，放大率再增加，视场就会迅速减小，视场边缘变暗，成像质量也会下降，所以这种结构的双筒镜通常在玩具望远镜中出现。现在常见的是开普勒式双筒镜，它的视场比伽利略式双筒镜大，而且成像更加清晰，通过转像棱镜或转像透镜，可以把倒像变为正像。

图26.2（1）　双筒望远镜

图26.2（2）　双筒望远镜

市场上的双筒望远镜五花八门，它们的外观、大小、价格和用途各不相同，有的用于观赏风景、体育比赛和文艺演出，有的用于观察鸟类和其他动物，有的用来进行监视（如森林、公安部门等），有的用于欣赏夜空中神奇美丽的天体……

1. 望远镜型号

每架双筒望远镜上都标有这样的数字："7×35""8×50""15×70"等，"×"前面的数字代表放大倍数（上述三个望远镜的放大倍数分别为7、8、15），"×"后面的数字代表双筒望远镜单个物镜的直径，以毫米为单位（上述三个望远镜物镜的口径分别为35mm、50mm、70mm）。通常认为7×50型双筒镜最适于天文观测。因为口径、倍数都比较适中。口径更大的双筒镜较为沉重，会给携带和手持观测带来负担。倍数更大的望远镜手持观测抖动严重，反而影响观测质量。而口径小、倍数低的双筒镜虽然便于携带，但是难以看到更暗的天体和更多的细节。

图26.3（1） 双筒望远镜上的常见信息

图26.3（2） 双筒望远镜上的常见信息

2. 望远镜的通光口径

在望远镜的制造没有明显缺陷的前提下，看物体清不清楚主要是由望远镜的物镜通光口径（大致上相当于物镜直径）决定的。通光口径越大，收集光的能力越强，看到的像就会越清楚（专业上称为"分辨率"越高）。所以天文台的望远镜都造得无比巨大。我们选择双筒望远镜，在力所能及的情况下，最好也选择口径大一些的，比如50毫米口径的双筒镜，收集光线的能力是25毫米口径双筒镜的4倍，能看到更多暗的、弱的天体。当然，口径60毫米甚至70毫米的双筒望远镜更为理想，不过重量和体积也会增加不少。

图26.4 加法夏天文台望远镜观测北斗彗星

但是，如果物镜的质量很差，就算口径大，分辨率也不会高。这就是市场上一些望远镜的个头虽然看着不小，但成像质量却很差的原因。

放大倍率应该越高越好吧？

很多人都有和你相似的想法，不过这种想法并不正确哦……

3. 放大倍数（倍率）

望远镜的放大倍数（倍率）就是望远镜拉近物体的能力，譬如用7倍的望远镜观测700米处的物体，大体相当于用肉眼观测100米处的物体。

这样看来，似乎是望远镜的倍率越高越好，不过倍率是受口径制约的，一般不能超过口径的毫米数值。例如，口径为100毫米的望远镜，最高放大倍率不能超过100倍，否则成像质量就会下降。双筒望远镜因为加了正像系统，最高放大倍率要远远低于这个数值，而且倍率越高，成像越暗。再有，双筒望远镜一般为手持观测，倍数越大，手持造成的晃动影响就越大，一般人很难用手较长时间地拿稳一架10倍以上的双筒望远镜，而且倍数越高视野范围越小，就越不容易找到目标。所以倍数大了目视效果反而不好。

假如我们必须观察某些小范围景物的细节或拍摄特写照片（如观鸟、动物、观测天体等），则要用10倍以上的望远镜（为了成像清晰，口径也得相应增大），但此时你一定要为双筒望远镜配一个稳固的三脚架。

图26.5　大双筒望远镜

二、双筒望远镜可以看到什么？

1. 人造卫星和空间站

在晴朗的夜晚，抬头向天空看去，那些最大、最明亮的人造卫星用肉眼就能够看到，但是如果有一架好的双筒望远镜，就可以看到更多的人造卫星了。用双筒望远镜观测到的人造卫星也只是一个一闪而过的亮点。你看到的光，是人造卫星表面反射的太阳光，因此观测它们的最佳时间是日落后一小时或日出前一小时。而在午夜时分，大多数人造卫星都会完全隐藏在地球的影子里。

要更多地了解人造卫星所经过的地方以及它们经过的时间，可以访问heavens-above.com网站，它会告诉我们什么时候会有人造卫星从头顶经过，以及我们应该观测哪个方向的天空。国际空间站是最容易发现的人造天体。除了月亮以外，它几乎比天空中所有的天体都亮，移动速度也比大部分飞机要快。

2. 月球

借助双筒望远镜，我们应该能看到月球表面的一些细节，如暗色的月海、苍白色的高地以及一些大型环形山。

图26.6　月球

3. 行星

黎明或黄昏时分，水星和金星会出现在天空较低的位置。和月亮一样，这两颗内行星也有上合和下合的变化，这使我们更容易用双筒望远镜发现它们。金星比水星要亮一些。黎明时分，金星会反射大量太阳光，非常耀眼。

火星也很容易被发现，因为它有独特的红颜色。我们还可以用双筒望远镜观测到木星及它的四颗卫星。借助星图找到木星后，它附近有四个小一点儿的亮点排成一条直线，这是它最大的四颗卫星，它们是伽利略发现的，因此又被称为"伽利略卫星"。

用双筒镜观测行星不要期望太高，它是不可能看到行星细节的。不过如果仔细观察，还是会发现它们的确与恒星不同。在望远镜中，恒星依然是一个个小亮点，而行星还是能够隐约发现是面状的，我们称其为"视圆面"。

4. 彗星

双筒望远镜视野宽阔，借助它我们可以看到完整的较大的彗星。彗星看起来像一个模糊的光团，带着一条明亮的尾巴，每天晚上在天空中的位置都会变化。我近年多次拍摄和观测彗星，几乎每一次都是先用双筒望远镜搜索它的位置。

图26.7　彗星

5. 双星

在晴朗的夜晚，远离城市的光污染，我们用肉眼通常可以看到3000颗左右的恒星。有合适的双筒望远镜，则可以看到10万颗左右。在城市里能看到的恒星虽然数量少一些，但双筒望远镜还是能够克服一定的光污染的。

北斗六（开阳）和辅星形成了最容易被发现的双星，被称为开阳双星。北斗六在勺子柄弯曲的部位。如果你在暗夜中仔细观察，应该能用肉眼看到它的辅星。传说古时候的罗马军队就用辅星来测试想当弓箭手的士兵的视力。借助双筒望远镜，我们可以更清楚地看到它们。

图26.8　北斗七星中的开阳双星（赵子涵 摄）

6. 星团

冬季的夜空，会在金牛座中有一团星星聚在一起，那就是著名的七姊妹星团，又叫"昴星团"。据说视力极好的古人可以用肉眼分辨出其中的七颗星（我只能勉强看出四颗），它们就是传说中的七仙女。后来其中的一颗星变暗，人们看不到了，于是就有了"七仙女下凡"的传说。昴星团被认为是最美丽的疏散星团。在双筒望远镜中，我们可以清晰地分辨出它是由很多颗恒星组成的一团，这就是星团名称的由来。

昂星团是肉眼可见的星团，还有很多肉眼不可见的星团可以用双筒镜看到。很多天文爱好者就是用双筒镜寻找那些不易看到的天体来考验自己对星空的熟悉程度。

7. 星系

秋季的夜空中，仙女座星系距离地球大约2400万光年，在秋季和冬季的天空中，仙女座呈现为一个细小的、苍白色的、朦胧的椭圆形。找到W形的仙后座后，就能在书写W最后一笔的方向找到它。借助星图，我们能确定这个星系更精确的位置。受视力限制，我从来没肉眼看到过它，小时候用玩具望远镜也没看到过它，但是当我用正规望远镜厂商提供的双筒镜去观察时，它就被轻易找到了。所以保护视力和保障光学质量都非常重要。

图26.9 仙女座星系

在双筒望远镜中，仙女座星系没有任何色彩，就是雾蒙蒙的一团，中心稍亮。照片中绚丽的色彩和细节依然是照相机和数字技术带来的"魔法"效果。

8. 星云

星团诞生于星云之中。你可以用双筒望远镜观察几个这样的星云，包括猎户座星云。找到猎户座后，在他腰间所佩宝剑的中间位置，可以看到一颗有些模糊的"恒星"，它实际上就是猎户座星云，距离地球大约1500万光年，它是太空中正在产生新恒星的一个巨大气体尘埃云。通过望远镜观察，可以看出猎户座大星云的形状如一只展开双翅的大鸟，它的亮度相当高，在无光害的地区用肉眼就可观察。猎户座大星云是全天最明亮的气体星云。

图26.10 猎户座大星云（王子熙 摄）

双筒望远镜观测的效果虽然不如天文望远镜，但是利用它可以帮助我们熟悉星空，熟悉一些深空天体的位置，为更加专业的天文观测打下良好的基础。

第27节 小型天文望远镜

　　双筒望远镜虽然携带方便，也能观测到一些天体，但是毕竟倍数太小，观测范围有限。对于天文爱好者而言，一架小型天文望远镜的作用就要大得多了。

图27.1　专业店中形形色色的小型天文望远镜

商店里望远镜的品牌、种类好多呀，我该怎么选呢？

要想正确选择望远镜，首先要了解它们的特点，还要明确自己的条件和需求。

　　小型天文望远镜是相对于天文台那些大型天文望远镜而言的，一般认为口径小于400毫米的望远镜属于小型天文望远镜。对于初学者而言，初入门时选口径为60毫米或者80毫米的折射望远镜比较好，因为携带方便，价格也相对比较低。在外出观测、摄影时，此类望远镜便于使用和维护，后期也可以当作导星镜①使用。不过，因为口径决定了望远镜的分辨率和倍率，如果条件允许，可以选择口径更大一些的望远镜。

　　1. 支架

　　小型天文望远镜的倍数比双筒镜大得多，不能手持观测，因此必须有稳固

---

　　① 导星镜，附加在主望远镜镜筒上用以监视导星的望远镜。它的作用是保证主望远镜精确跟踪被观测天体，一旦导星偏离正确位置，就通过望远镜的驱动装置加以纠正。

的支架。在选小型天文望远镜的时候，如果只注重镜片的质量而忽视了支架的质量，这种做法是不可取的。

望远镜支架有很多种，过于单薄且没有微调装置的支架，不适合天文观测；具有微调装置且比较稳固的支架，则能比较方便地寻找观测目标；配备了自动寻星装置的望远镜支架，如果使用方法得当，可以更加便捷地找到所要观察的目标，并能自动跟踪天体；而配备了自动化赤道仪的望远镜支架，不仅便于寻找目标，还可以对观测目标进行精密的跟踪，目视、天文摄影都非常方便，不过，这类支架的体积和重量也大大增加了。

2. 主镜筒

望远镜的主镜筒一般包括遮光罩、镜头盖、物镜座、物镜、镜筒、寻星镜座、调焦器、天顶镜、目镜座几个基本部分。其中，物镜被认为是最重要的一部分。

望远镜的信息往往刻在物镜座上。比如图27.2中的望远镜，口径（D）为106毫米，焦距（F）为530毫米，光圈值（f）为5.0。与双筒望远镜不同，天文望远镜上不会标出倍率，因为通过配备不同焦距的目镜，望远镜的倍率会发生不同的变化。望远镜的倍率计算方法可以用物镜焦距除以目镜焦距。比如这架望远镜，如果配上焦距为10毫米的目镜，倍率就为53倍；如果配备焦距为5毫米的目镜，倍率就为106倍。但是我们前面讲过，为了保证成像质量，这架望远镜的倍率

图27.2　刻在物镜座上的信息

最好不要超过106倍。

　　望远镜的物镜质量差异极大，以折射望远镜为例，物镜有单片物镜、双胶合物镜、双分离物镜、三分离物镜等。根据其光学性能，可以分为普通消色差系统、复合消色差系统。根据玻璃材质，可以分为普通玻璃物镜、光学玻璃物镜、ED（超低色散）玻璃物镜、萤石（分为天然萤石和人造萤石）物镜等。根据镜片面型，又可以分为球面镜片、非球面镜片、菲涅耳镜片等。从望远镜诞生至今，人们一直在想办法提高物镜的成像质量。

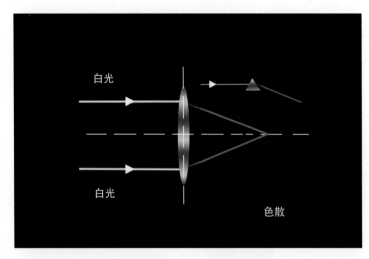

图27.3　望远镜的色散示意图

　　普通玻璃在天文望远镜中是不能用的，即使是光学玻璃，单片的质量也非常差。图27.3告诉我们，光线通过单片透镜就像通过三棱镜一样，会发生色散，不同色光不能重新聚集在一起，会产生严重的色差。这就是牛顿要发明反射望远镜的原因。

　　后来人们设计出了用不同透镜的组合来抵消色散的方法，这就出现了消色差系统。于是，双胶合、双分离等结构的物镜出现了，一般而言，光学系统越复杂，消色差效果就越好。因为人们设计和制造复杂光学系统的目的就是为了消除色差和像差。

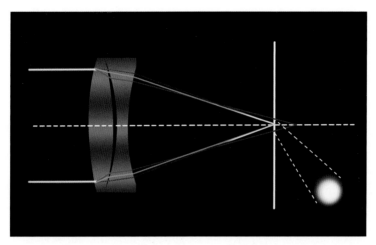

图27.4 双分离消色差系统，依然存在残余色差

如果我们的望远镜仅仅用于目视观测，可以选择双胶合结构或双分离结构且焦距较长的望远镜。它们的价格相对较低，重量也比较轻。如果我们想用望远镜进行天文摄影，最好选择APO系统和拥有ED镜片甚至萤石镜片的望远镜。它们成像质量优异，只是价格较高，也比较重。

望远镜的物镜结构和所使用的玻璃材质的好坏，并不是很容易分辨。不过，好马配好鞍，好的物镜也会配好的物镜座、筒和调焦座等。我们可以根据这个原则从望远镜的外观判断望远镜的质量，如果望远镜整体看起来比较单薄，它的物镜质量一般也不会太好。

一些对望远镜要求极高的人，还非常重视调焦座的质量。特别是在高精度的天文摄影中，调焦座的质量确实非常重要。于是，他们会使用更专业的调焦座。

3. 关于目镜

目镜是目视观测用的附件，喜欢目视观测的人对它的要求比较高。也有些人会用目镜进行放大摄影，这样对目镜质量的要求就更高了。

常见的目镜有1.25英寸和2英寸，这指的是它的接口外径，和目镜座接口内径相匹配。从光学类型上划分，常见的有凯涅尔目镜、普罗素目镜、阿贝无畸变目镜等。近些年流行一些长出瞳距的大视野目镜，目视效果非常好，让人有一种"太空漫步"的感觉。当然它的光学结构复杂，价格比较高，但它并不适合进行目镜放大摄影使用。

为了提高目视效果，人们设计了一些专用的滤镜，可以安装在目镜里。常见的有月亮滤镜、太阳目镜等。

4. 观测目标

我们平时用天文望远镜观测的星体主要有月球、土星、木星、火星、金星、太阳等。虽然观测效果比用双筒望远镜要好很多，但除了月球以外，很难看清其他天体的细节。

用小型天文望远镜观测月球，可以看清很多细节。如果你是第一次通过望远镜观测，一定会被眼前的景象所深深吸引。我小的时候就是因为在望远镜中瞥了一眼月球，从而深深地爱上了天文。通过小望远镜，可以拍摄出如图 27.5 这样的照片，如果会使用天文 CCD 进行拍摄，还可以拍摄出质量好得多的照片。

图 27.5　小望远镜拍出的照片

用小望远镜观测木星，不仅可以清晰地看到伽利略卫星，还能隐约分辨出木星上的条纹。但要想看清更多的细节却是不能的，除非使用更大口径的天文望远镜。

用小望远镜观察土星，可以模糊地看到它的光环，如果使用顶级的主镜和高质量目镜，甚至可以分辨出卡西尼环缝（土星环系中，最外的A环和B环间的巨大缝隙）。

小望远镜可以观测到太阳的黑子、耀斑。但是一定要注意，绝对不可以用望远镜直接观测太阳，推荐采用物镜端巴德膜制太阳滤光镜。目镜端太阳滤光镜比较危险，因为阳光通过物镜在镜筒内聚焦温度很高，有时会烧毁目镜附近的塑料零件。我的学生所使用的塑料接口的目镜就有在观测太阳时被烧坏的，因此不建议使用，或者采用更安全的投影法。

虽然小望远镜进行目视观测的能力有限，但是如果采取照相的方法就截然不同了。利用现代数码技术，小望远镜也能拍摄出非常专业的天文照片，其质量甚至可以超越二三十年前的专业望远镜使用胶片拍摄的效果。很多民间的天文摄影高手也不断涌现。当然，要想掌握这些方法必须要多学习多实践，甚至需要在原有方法的基础上不断创新。

1. **调焦座：** 是调节成像装置（目镜、照相机等）与物镜之间距离的装置，调节利用调焦座能够准确聚焦所观测的物体，使所观测的图像画面清晰。调焦座可以分为手动调焦座、电动调焦座，也可分为有齿（齿轮）调焦座和无齿调焦座。聚焦和光轴的精度与调焦座的精度有关，因此光学系统的成像质量受到调焦座精度的影响。

2. **CCD：** 目前广泛应用于天文学、数码摄影和扫描仪中，是用耦合方式传输信号的探测元件，能把光信号转化为电信号，并用电荷量表示信号大小，可以做成集成度非常高的组合件，这种元件的优点包括：能感受更宽范围的波谱，体积小、重量轻、畸变小、系统噪声低、功耗小、寿命长、可靠性高等。

第28节　观测不可见光

在诸多望远镜中，最特殊的要算是射电望远镜了，因为它们可以观测到不可见的光。它们看起来更像是雷达，时刻监测着来自宇宙的信息。我国2016年9月启用的贵州FAST射电望远镜为当时的世界之最，很多人前往贵州平塘，一睹"大锅"的风采。

图28.1　贵州平塘口径500米的射电望远镜

我去景区参观过，不让带任何电子设备。望远镜不是夜间观测吗？为什么白天也怕干扰呢？

射电望远镜不同于普通望远镜，它观测的是不可见光，白天、夜里都能观测。

　　我们前面学习的折射、反射、折反射式望远镜都是用来观测可见光的望远镜，统称为光学望远镜。而宇宙天体不仅能发射可见光，还可以发射不可见光，射电望远镜就是用来观测不可见光的。

　　宇宙天体都发射电磁波，电磁波具有不同的波长，人类眼睛能看到的电磁波叫光波或者可见光，也就是我们平时所说的光，波长为0.4~0.75微米。由于太阳发射的可见光太强，会掩盖其他天体的可见光，所以光学望远镜一般白天都不工作。但是其他波段的电磁波（即不可见光）不会受到阳光的干扰，白天也可以对它们进行观测。有些波长的电磁波，甚至不怕云层的干扰，依然能被我们接收到。比如贵州，很少有晴天，根本不适合进行光学天文观测。但FAST

是射电望远镜，建在那里完全没有问题。常见的电磁波包括无线电波、微波、红外线、紫外线、X射线、γ射线等。

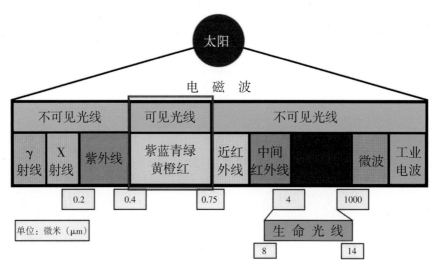

图28.2　不同波段的电磁波

一、发现不可见光

1. 红外线的发现

1672年，人们发现太阳光（白光）是由各种颜色的光复合而成的。我们用分光棱镜可以把太阳光（白光）分解为红、橙、黄、绿、青、蓝、紫等单色光。

1800年，英国物理学家赫歇尔从热的观点来研究各色光时，发现了红外线。他在研究各种色光的热量时，有意把暗室唯一的窗户用木板堵住，并在木板上开了一条矩形的孔，孔内装一个分光棱镜。当太阳光通过这个棱镜时，便被分解成彩色光带。这时他用温度计去测量光带中不同色光所包含的能量。为了和环境温度比较，他在彩色光带的附近放了几支温度计用来比较。实验中，他偶然发现一个奇怪的现象：放在光带红光外的温度计，比室内其他温度计的指示值都高！经过多次反复实验，这个所谓含热量最多的高温区，总是位于光带最边缘处红光的外面。于是赫歇尔宣布，太阳发出的光线中除可见光外，还有一种人眼看不见的"热线"，这种看不见的"热线"位于红色光外侧，因而被称为"红外线"。红外线的发现标志着人类对自然认识的再一次飞跃。随着对红外线的不断探索与研究，已形成红外技术专门学科领域。

图28.3　赫歇尔从热的观点研究各色光时，发现了红外线

2. 紫外线的发现

丹麦科学家芬森养了一只猫。一天，芬森到阳台上乘凉，看见家里的猫静静地躺在地板上晒太阳。他看着看着，觉得很奇怪：每当猫身上晒不到阳光的时候，猫自己就会挪动身体，移到有阳光的地方。芬森心想："这么热的天，猫为什么还要晒太阳？这里面一定有问题。"芬森走下阳台，来到猫的身边，用手

轻轻地抚摸着猫的身体。忽然，他发现猫的身上，有一处正在化脓的伤口。他想：猫是不是利用晒太阳来治疗它的伤口呢？难道阳光里还有什么我们没有发现的东西吗？

芬森带着这种疑问，开始对阳光进行深入分析研究和实验。终于，他在阳光中发现了一种我们肉眼看不见的光线——紫外线，它具有杀菌的作用，可用于治疗疾病，效果很好。后来，紫外线被广泛应用到医疗事业上，成为医务人员不可缺少的好帮手。芬森也在1930年获得了诺贝尔生理学或医学奖。

实 践

自己找一找资料，看看其他不可见光是如何被发现的。

二、射电望远镜

很多星体变化时释放出的电磁波恰恰是我们肉眼看不到的电磁波，所以我们就必须使用不同于光学望远镜的探测器来探测星空，射电望远镜就是这样产生的。20世纪50年代以来，绝大多数的新天文发现都是由射电望远镜实现的。

1. 工作原理

射电望远镜可用来探测来自天体发出的无线电波。不同于光学望远镜，射电望远镜没有"镜"，它只有一架高分辨率的天线和一台非常灵敏的无线电接收机。绝大多数的射电望远镜都有曲形的反射盘面——著名的射电望远镜FAST的直径达到了500米。反射面将宇宙中的无线电波聚集到馈源舱上，这些电波被转变为电信号。电信号进入无线电接收器后，电信号会变强，产生足够大的电子信号，最终在监视器屏幕上成像。

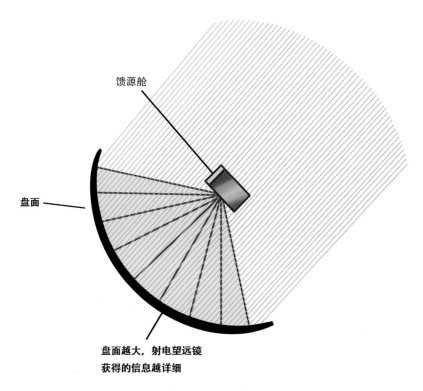

馈源舱

盘面

盘面越大，射电望远镜
获得的信息越详细

图28.4 射电望远镜工作原理示意图

实践：确定电台方位

试试用一把伞来聚焦无线电波。

1. 在伞的内表面用锡箔纸覆盖。

2. 打开收音机，选一个频道。

3. 沿着伞柄上下移动收音机，找到该电台声音最清晰的位置，从锡箔纸上反射出的无线电波就聚焦在这点上了。

4. 把收音机绑在雨伞柄上，从不同角度转动雨伞，在哪个角度该电台最清楚？

思　考

该电台位于哪个方向呢？为什么？

2. 射电望远镜阵列

对于射电望远镜来说，探测天线可以比作它的物镜。与光学望远镜相同，物镜越大，射电望远镜收集的光线就越多，所以射电望远镜也越做越大。但是，单体望远镜的镜面想做大非常困难，不过射电望远镜可以有多个"物镜"，这些"物镜"组合在一起就能使射电望远镜发挥更大的作用。由多个探测天线构成的射电望远镜就是射电望远镜阵列。如甚大阵列射电望远镜、毫米波/次毫米波天线阵和筹建中的平方千米阵列射电望远镜。

图28.5　甚大阵列射电望远镜

甚大阵列射电望远镜位于美国新墨西哥州的沙漠里，它是由27座天文望远镜组成的一个阵列，于1980年建成并投入使用。自从用它观测以后，科学家们借助甚大阵列射电望远镜做出了许多新发现，比如正常恒星辐射出明亮的射电波的恒星雾和银河系中的微类星体，等等。

美国的超长基线阵列（VLBA）由10个抛物天线组成，从夏威夷横跨到圣科洛伊克斯8000千米的距离，其精度是哈勃太空望远镜的500倍，是人眼的60万倍，它的分辨率相当于让一个站在北京的人阅读放置在西藏拉萨的一张报纸。

2016年7月6日，位于我国内蒙古正镶白旗明安图的新一代厘米—分米波射电望远镜阵列正式投入使用。明安图射电望远镜阵列（也叫作明安图射电日像仪）由分布在方圆十公里的三条旋臂上的100面天线组成，它呈多瓣的螺线形结构，中心密集、周边稀疏，从高空看去有些像八卦图。它是太阳观测专用射电望远镜，是世界上最好的太阳射电观测设备，为耀斑和日冕物质抛射等太阳活动研究提供了先进的观测手段，极大地促进了太阳物理和空间天气科学的发展。

图28.6　内蒙古正镶白旗的明安图观测站的射电望远镜阵列

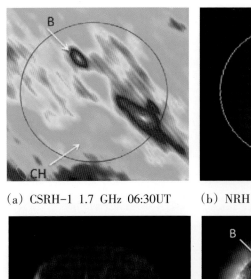

(a) CSRH-1 1.7 GHz 06:30UT

(b) NRH 432 MHz 15:13:53UT

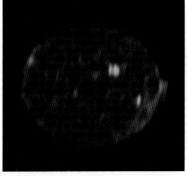

(c) SSRT 5.7 GHz 05:50UT

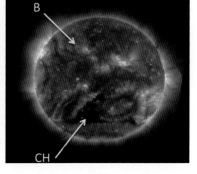

(d) AIA/SDO 193A 06:30:43UT

图28.7　明安图射电日像仪拍摄的不同波段的太阳影像

实　践

世界上还有哪些著名的射电望远镜？在图书馆或者网络上找找关于它们的资料。调查这些射电望远镜的位置、设立时间、特点及发现。

为什么要把射电望远镜建在人烟稀少的地区呢，它不是不怕光污染和空气污染的干扰吗？虽然射电望远镜不怕光污染，但是它周围不能有电磁污染的干扰。我们的手机信号、电视信号、广播信号等，都是非常强的电磁干扰信号，所以射电望远镜要远离人群。

3. 射电望远镜的贡献

在20世纪60年代，天文学的四大发现——类星体、脉冲星、星际有机分子和宇宙微波辐射，均与射电望远镜有关。

类星体是迄今为止人类观测到的最遥远的天体，距离地球至少100亿光年。类星体比星系小很多，但是释放的能量却是星系的千倍以上，类星体的超常亮度使其能在100亿光年以外的地方也可以被观测到。

脉冲星又称波霎，是中子星的一种，会周期性发射脉冲信号，直径大多为20千米左右，自转极快。

宇宙微波辐射是来自宇宙空间的微波辐射，也称为宇宙微波背景辐射，宇宙微波背景辐射产生于大爆炸后的30万年。

星际有机分子即存在于星际空间的有机分子。星际有机分子的发现有助于人类了解星云及恒星的演变过程，同时也增大了外星生命存在的可能性，是现在天文学的分支——星际化学的基础。

4. 太空望远镜

地球的大气层是地球的保卫者。大气层能把太空中大部分的波反射或者吸收，从而保护我们免于辐射的危害。人们把能够到达地面的波段称为"大气窗口"，这种"大气窗口"有三个：光学窗口、红外窗口及射电窗口。观测这些波段的望远镜可以设立在地面上，但是，被大气反射的其他波段，比如紫外线、X射线、γ射线等，只能在高空中或者人造卫星上天后才能被观测到。下面我们就来了解一下其他波段的望远镜。

（1）红外望远镜

18世纪末人们就开始了红外观测，由于大气的吸收和散射，红外观测只局限在几个近红外窗口（是指波长在1.5~2.4μm之间的大气窗口，位于近红外波段的中段），为了获得更多的红外线波段的信息，人们先用高空气球，后来发展到用飞机运载红外望远镜或探测器进行观测。1983年，美英荷联合发射了第一颗红外天文卫星IRAS，口径为57厘米；1995年11月17日，欧洲、美国和日本合作的红外空间天文台ISO发射升空，口径为60厘米。

（2）紫外望远镜

紫外线观测需要避开臭氧层和大气对紫外线的吸收，所以在150千米的高空才能进行观察，后来人们又使用了火箭、航天飞机和卫星等空间技术进行观测。

（3）X射线望远镜

天体的X射线无法到达地面，只能通过放置在人造地球卫星上的X射线望远镜进行观测。

（4）γ射线望远镜

γ射线比X射线的波长更短，能量更高，由于地球大气的吸收，γ射线天文观测只能通过高空气球和人造卫星搭载的仪器进行。随着空间技术的发展，有了可以在大气层外观测的空间望远镜，便可以进行γ波段的天文观测。

对不可见光的观测为人类带来了更加丰富的宇宙信息，让我们对宇宙有了更加完整的认识。

第29节　深空天体

在进行天文摄影时你也许已经发现了，天空背景并不像我们肉眼看到的那么黑暗。有些地方色彩丰富，有些地方恒星密集，有些地方还能看到星系。它们都有一个共同的名称，叫作深空天体。

图29.1　猎户座及周边的深空天体

在史前时代，地球上的大多数地区都没有光污染，我们的祖先能够看到非常暗的星光，其中的一些天体被今天的人们划分为深空天体。深空天体是一个常见于业余天文学圈的名词。一般来说，深空天体指的是天上除太阳系天体（行星、彗星、小行星）和恒星之外的天体，主要包括星团、星云、星系等。

一些明亮的深空天体很早就被人知道了，其中包括金牛座中的昴星团（M45）和毕星团、仙女座大星系（M31）、猎户座大星云（M42）和南半球的大、小麦哲伦云（LMC ——大麦哲伦云，SMC ——小麦哲伦云）。

绝大多数的深空天体使用望远镜才能看到，例如18世纪法国天文学家梅西耶所编的《梅西耶星云星团表》，共收录了110个深空天体。只不过当时梅西耶尚未把星系、星云、星团分清楚，只知道它们都是一些不能被视作恒星的发光区域。直到1924年，哈勃奠定了河外天文学基础，三者的界限才被彻底分开。

利用天文望远镜，我们能看到的深空天体数量大幅上升。通过天文摄影更能拍摄到为数可观的深空天体。星云星团新总表（New General Catalogue；NGC）包括了近8000个深空天体。

星系是尺度最大的深空天体，我们所在的星系是银河系。银河系中有1000~4000亿颗恒星和大量的星团、星云以及各种类型的星际气体和星际尘埃，总质量约为太阳的2100亿倍，直径为10~12万光年。夜空中我们肉眼可见的天体绝大部分是银河系内的天体。银河系以外的星系统称为河外星系，离地球最近的河外星系是仙女座星系，距地球大约254万光年。由于它十分巨大（直径约22万光年），因此在晴朗的夜空中可以直接用肉眼看到。

星系分类有不同方法，目前天文学家广泛应用的一种星系分类法将星系分为三类：椭圆星系、螺旋星系（旋涡星系）和不规则星系。我们所在的银河系是棒旋星系，属于螺旋星系的一种。仙女座大星系也是螺旋星系。

图29.2　椭圆星系M87，位于室女座

星云是一种由星际空间的气体和尘埃组成的云雾状天体，密度非常低，如果拿地球上的标准来衡量，有些地方几乎就是真空。但星云的体积非常庞大，往往方圆达几十光年。因此，一般星云比太阳还要重得多。星云的形状千姿百态，有的星云形状很不规则，呈弥漫状，没有明确的边界，叫弥漫星云；有的星云像一个圆盘，淡淡发光，很像一个大行星，所以称为行星状星云。用望远镜观察，星云像朦胧的白纱，如果拍摄下来，则会呈现出异常丰富的色彩以及千奇百怪的形象。有的像植物、有的像动物、有的像神话传说中的人物，因而成为天文摄影爱好者十分热衷的拍摄目标。

图29.3 太空中绽放的玫瑰星云

星团是指恒星数目超过10颗以上，并且相互之间存在物理联系（引力作用）的星群。由十几颗到几十万颗恒星组成的，结构松散、形状不规则的星团称为疏散星团，它们主要分布在银道面，因此又叫作银河星团，主要由蓝巨星组成，例如昂宿星团（又名昂星团）；由上万颗到几十万颗恒星组成，整体像球体，中心密集的星团称为球状星团。

图29.4　球状星团M72

以下深空天体是人们经常观测和拍摄的目标，我们一起来认识一下。

图29.5　著名的猎户座大星云

猎户座内的马头星云（IC434）是天空中最易辨认的星云之一，它是巨大黑暗分子云的一部分，黑暗的马头星云主要是由浓密的尘埃构成。它位于明亮恒星猎户座ζ的南方，在左侧猎户座中三亮星组成的"直线带"的指引下可以用望远镜找到。

图29.6　奇特的马头星云

图29.7　查尔斯·梅西耶油画像

《梅西耶星云星团表》是最早的深空天体列表，每年春季，天文爱好者们会找一个没有月光干扰的晴夜开展一项名为"梅西耶天体马拉松"的活动。看谁能够在一个晚上观测到最多的列表中的深空天体。这项活动不仅能够考验天文爱好者对星空的熟悉程度，也能考验人的精神和毅力。大家不妨也去试一试。

第30节 天外来客——陨石

有人说天文研究的对象都是看得见摸不着的，因为我们研究的天体离我们过于遥远。其实我们都有触摸天外来客的机会。有科学家估计，每天都有多达数百吨的太空物质闯入地球。幸运的是，这些天外来客大部分都是极小的尘埃聚集物或岩石，我们称之为流星体，不会对地球和地球上的生物造成伤害。它们通常来自彗星和小行星，也有极少数来自月球或火星。流星体进入大气层时，如果它没有被完全烧尽，下落到地面后便称之为陨星，也叫陨石。

图30.1 北京天文馆展出的680千克南丹陨石

一、陨石的记载与价值

自古以来，就有许多关于陨石的记录。仅中国史料中就有700多次陨星记录，最早的可追溯到公元前2133年。中国还是最早利用陨铁（铁陨石）制造武器和农具的国家。目前在陨石中已找到100多种矿物，其中24种是地球上没有的。在20世纪70年代，人们发现陨石中含有60多种有机化合物。世界上年龄最大的陨石已经超过46亿岁，与地球年龄相当。这些天外来客携带着丰富的天体形成、演化信息，它们是"价廉物美"的科学样品。试想一下，要想从其他星球取回样品，我们得需要动用宇宙飞船，这样的耗资将会多么巨大！阿波罗宇宙飞船登月，耗资亿万美元，才仅仅从月球正面（或称月球的近边）采集到300多公斤月球表面的样品，但仍然不能取得月球背面的样品。所以，要是能从地球表面拾到月球或其他星球的陨石，所需的费用显然要少得多。

陨石包含着大量丰富的太阳系天体形成演化的信息，对它们的实验分析有助于探求太阳系演化的奥秘。陨石是由地球上已知的化学元素组成的，科学家们在一些陨石中找到了水和多种有机物。这成为"是陨石将生命的种子传播到地球的"这一生命起源假说的一个依据。另外，通过对陨石中各种元素的同位素含量测定，可以推算出陨石的年龄，从而推算出太阳系开始形成的时期。

二、陨石雨

有时，许多陨石会同时降落，形成陨石雨。2013年2月15日中午12时30分左右，俄罗斯车里雅宾斯克州发生天体坠落事件，许多行车记录仪和监控摄像头记录下了当时的景象。陨石飞行速度非常快，伴随一道白光闪过天际，坠落时发出数声巨响。根据俄罗斯紧急情况部的说法，坠落的是一颗陨石。它在穿越大气层时摩擦燃烧，发生爆炸，产生大量碎片，形成了"陨石雨"。在坠落区域，许多建筑的窗户玻璃破裂，造成1200多人受伤。俄罗斯科学院天文学研究所研究员谢尔盖·巴拉巴诺夫表示，天体坠落现象每年在地球上可观测到多次，但像这次落入居民区的情况并不多见。

1976年3月8日，在我国吉林省吉林市郊降落的一场大规模的陨石雨，便是一次石陨石雨。这次陨石雨散落的范围达四五百平方公里，搜集到的陨石有100多块，总重量在2600千克以上。其中，最大的一号陨石重1770千克，是目前世界上搜索到的最重的一块石陨石。

三、陨石的分类

因为陨石与地球岩石非常相似，所以一般较难辨别。人们一般将陨石分为三类：石陨石、铁陨石和石铁陨石。还有一种玻璃陨石，并不是真正的陨石。

石陨石是最常见的一种陨石，它含有75%~90%的硅酸盐矿物质（例如橄榄石）、10%~25%的镍铁合金以及硫铁化物。石陨石又分为两个子类：球粒陨石与非球粒陨石。大部分陨石都是球粒陨石，约占所有观测陨石的86%。铁陨石又称为陨铁，主要成分为铁和镍，此外还含有Co、S、P、Cu、Cr、Ga、Ge和Ir等元素。铁陨石的数量比石陨石少得多，在很多铁陨石上还有独特的维斯台登纹，这成了人们判断它身份的一张天然名片。数量最少的一种陨石是"混合物"，叫作"石铁陨石"，它们既有金属，又有硅盐，两类物质含量基本相当。大多数陨石来自小行星的不同部分。铁陨石来自小行星内核，石铁陨石来自小行星的外壳与内核之间的区域，非球粒陨石来自小行星外壳。

图30.2 吉林石陨石，世界最大的石陨石，重1770千克

图30.3 漂亮的橄榄石铁陨石切片

图30.4（1） 铁陨石原石

图30.4（2） 铁陨石珠子

四、陨石的特征

为了在遇到陨石的时候能发现它，我们有必要了解一些鉴别方法。

1. 形态特征

陨石一般呈不规则形态。

2. 表面构造

融壳：新降落的陨石一般有一层厚度小于1毫米的黑色或深褐色的熔壳，同时还具有流纹或流线构造。

表面气印：由于陨石与大气流之间的相互作用，陨石表面还会留下许多气印，就像手指按下的手印。

图30.5　陨石的气印

3. 成分

由于陨石含有铁镍金属，所以利用金属探测器便可以找到它们。陨石密度一般大于地球岩石，地球岩石密度平均为$2.7g/cm^3$，陨石密度至少为$3.3g/cm^3$。

图30.6 一块很小的陨石，重量往往很大

4. 结构构造

球粒陨石的新鲜断面上一般可以用放大镜观察到细小的球粒及球粒之间的基质，并可见到铁镍金属及陨硫铁。铁陨石如用含2%浓硝酸的酒精溶液腐蚀铁陨石抛光表面，则可显示维斯台登构造陨石的结构致密，不会具有泡沫状、多孔或炉渣状等构造。

图30.7 维斯台登构造

实　　践

观察学校的陨石标本，亲身体验陨石的一些典型特征。

	颜色	光泽度	磁性	密度	其他
铁陨石					
石陨石					
石铁陨石					

思　　考

在什么地区更容易找到陨石?

五、南极的陨石

1969年12月，日本南极考察队在昭和基地南方300千米处的大和山脉南部的冰面上发现了9颗陨石，另一队在同一地区又发现了总计12颗陨石。这次发现包含着各种各样的陨石种类，这不仅说明了这些陨石不是同一次落下的陨石群，而且还暗示着将有可能发现更多的陨石。其后，日本进行了有组织的陨石调查，果然在大和山脉周围发现了5500颗陨石。

其实，陨石在世界各地出现的可能性是大致相等的，只不过降落在南极的陨石更容易保存下来，并且非常容易被冰盖考察的科学家发现罢了。降落在南极冰盖上的陨石会深深地钻入冰面以下，由于南极寒冷洁净的自然条件，这些陨石被很好地保护起来，并随着冰川的流动而运动。当冰川遇到内陆山脉和冰盖下隐蔽的山脉时，由于冰下地形的影响，冰被拦阻后不断上升，表层冰雪不断升华，使冰中的陨石距离冰面越来越近，埋藏越来越浅，最终暴露在冰雪表面，并逐步集积在阻挡冰流的山脉处。在南极冰盖纯白色的冰面上，这些黑褐色的陨石非常显眼，甚至在很远处也可以被发现。

南极陨石的独特之处：

1. 南极陨石的地球年龄（陨石降落到地球表面后保存的年龄）最长。在其他大陆，由于风化作用和环境条件因素，陨石落地后不能保存几千年。而南极大陆冰雪严寒，对陨石可以起到保护作用，抑制了陨石的风化作用。所以南极陨石的地球年龄一般可达几十万年，比其他大陆陨石的地球年龄高出100多倍，现已发现有2块南极陨石的地球年龄长达500万年。

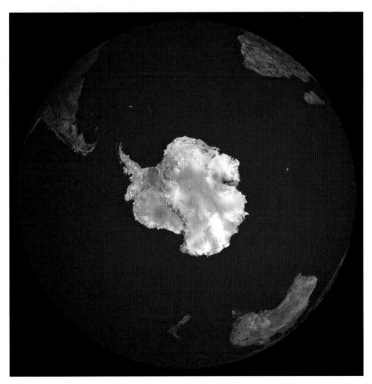

图30.8　冰封的南极大陆是科学家寻找陨石的重要地区

2. 南极大陆的陨石储量最大。

3. 南极陨石类型最丰富。到1989年为止，在数以万计的南极陨石中已查明有9块来自月球的月球陨石，其中8块来自月球背面；还有两块能说明火星发展史的火星陨石。此外，还发现一时难以辨别的独特的陨石类型。

4. 南极陨石的原始状态最好。因这些陨石长期在冷冻和无菌条件下保存，几乎没有受到地球上其他物质的污染，这就更加有利于研究太阳系内外星体的历史演变过程。

5. 南极大陆上的陨石较容易被发现。

六、陨石会导致物种灭亡吗？

科学家们相信，巨大的陨石可以带来物种的灭绝。陨石在撞击地球的过程中可以把大量的物质抛向大气层，阻碍太阳光线，妨碍植物的生长，接着危害动物的生存。若是这些大块的陨石落到了海洋里，会引起海啸；若是落到地面上，可以造成几十千米的深坑，穿透海洋或大陆的底层地壳，导致大量的火山喷发。而大规模的火山喷发会增加大气层中的灰尘，在一段时间内气候持续变冷，然后逐渐导致相应的全球性气候变暖，最后是致命的酸雨。当然，在一些物种灭绝的同时，也会有新的物种诞生。

随着天文科学的不断普及，人们对陨石的兴趣越发浓厚。由于它兼备科学价值与欣赏价值，很多人开始寻找陨石、收藏陨石。说不定有一天，陨石也会进入我们的学校、家庭，让我们都能亲手触摸这些天外来客！

第31节　恒星的一生与寻找另一个地球

　　"地球是人类唯一的家园"。在社会课上、科学课中，我们不止一次听到过这样的教导。就目前的科技进展而言，人类还没有证明存在着和地球环境一样或者接近的星球。尽管如此，人类寻找另一个地球、寻找外星生命的步伐始终没有停歇。

既然地球是我们唯一的家园，人们为什么还要寻找另一个地球呢？

现在我们没有找到另一个地球，不代表我们永远也找不到，而且我们必须去寻找……

图31.1　超新星爆发遗迹——蟹状星云

　　人类和地球的存亡面临着许多危机，比如环境的恶化、核战争的爆发、小行星的撞击等。不过，相信经过全人类共同的努力，还是可以抵御这些威胁的。但是有一个问题我们无法解决，那就是地球也是有寿命的，无论我们如何努力，它终将有灭亡的一天。

我不明白，地球不是生物，为什么会有寿命？

其实地球的寿命是由太阳的寿命决定的，太阳在不断燃烧，即使有再多燃料也会用尽。

我们知道太阳是一颗恒星，它不断进行热核反应，所需的燃料是氢，燃烧后会形成氦。恒星从诞生、成长、成熟到衰老死亡的过程十分缓慢，这个过程被称为恒星的演化。

一、恒星的诞生

恒星的演化开始于巨分子云。一个巨分子云是太阳质量的数十万到数千万倍，直径为50到300光年。在巨分子云环绕星系旋转时，它可能出现引力坍缩。巨分子云还可能互相冲撞，星云压缩和扰动的过程中也可能形成大量恒星。

那些质量非常小（小于0.08太阳质量）的原始星的温度不会到达足够开始核聚变的程度，它们会成为褐矮星，在数亿年的时光中慢慢变凉。大部分质量更高的原始星的中心温度会达到一千万开氏度，这时氢会开始聚变成氦，恒星开始自行发光。核心的核聚变会产生足够的能量停止引力坍缩，直到达到一个平衡。恒星从此进入一个相对稳定的阶段。

二、中年期

恒星在中年期时形成主序星，恒星有不同的颜色和大小，如高热状态的蓝色和冷却中的红色，小至0.5大至20个太阳质量。太阳也位于主星序上，被认为是处于中年期。当恒星燃烧完核心中的氢之后，它就会离开主星序。

三、成熟期

恒星在成熟期时可能会形成红巨星或红超巨星。红巨星时期恒星会达到在其主星序阶段的数百倍大小，这个阶段会持续数百万年。恒星的下一步演化将再一次由恒星的质量决定。

图31.2　系外行星上看到的红巨星（科学想象图）　作者：美国艺术家Jeff Bryant

四、衰退期

恒星从晚年到死亡会以三种可能的冷态之一为终结，那就是白矮星、中子星或黑洞。

低质量恒星的演化终点人类没有直接观察到。像比邻星这样的红矮星，它的寿命长达数千亿年，在核心的反应终止之后，红矮星在电磁波的红外线和微波波段会逐渐暗淡下去。

中等质量恒星达到红巨星阶段时，质量处在0.4~3.4倍太阳质量之间的恒星的外壳会向外膨胀，而核心向内压缩，巨大的波动会使得外壳获得足够的动能脱离恒星，成为行星状星云。行星状星云中心留下的核心会逐渐冷却，成为小而致密的白矮星，通常具有0.6倍太阳质量，但是只有一个地球大小。在没有能量来源的情况下，恒星在漫长的岁月中释放出剩余的能量，逐渐暗淡下去。最终，释放完能量的白矮星会成为黑矮星。

大质量恒星（超出太阳质量5倍）在外壳膨胀成为红超巨星之后，其核心开始受到重力压缩，温度和密度的上升会触发一系列聚变反应。这些聚变反应会生成越来越重的元素，产生的能量会暂时延缓恒星的坍缩。大质量恒星演化的下一步有两种可能的终点：中子星和黑洞。图31.3为科幻电影《星际穿越》制作组和科学家索恩一起创作的黑洞图像。这是一个超大质量黑洞，质量大约是太阳的两亿倍！而大小，也就是视界半径，大约为一个天文单位。

图31.3　黑洞示意图

太可怕了！看来人类注定要灭亡了！

也不用过于悲观，人们还是有信心在太阳变成红巨星之前找到另一个地球的。

　　地球之所以有生命，和地球在太阳系中特殊的位置有关。它距离太阳不远不近，所以既不会因为被太阳炙烤而过于炎热，也不会因远离太阳而异常寒冷。这种稳定的状态会持续很长时间，但是在50亿年后，太阳将会变成一颗红巨星，体积逐渐扩张，地球将被它的火焰所吞没。我们根本没有机会等到太阳进入衰退期，在它的成熟期，地球以及地球上的生物就早已不复存在了。人类无法改变恒星演化的过程，也就无法改变地球走向灭亡的命运。

　　在1990年之前，"太阳系外存在行星"还仅仅是个推测，因为行星不发光，个体又比较小，当时的观测设备和技术水平都不足以发现远在数光年以外的行星。不过后来，随着科学技术的进步和观测手段的增强，越来越多的系外行星被发现，我们甚至会在报道中看到"发现另一个地球""发现地球的孪生兄弟""发现另一个行星可能存在生命"的说法。这些报道让人们浮想联翩，甚至有人认为在那些行星上有另一个自己存在。其实，这些所谓的"另一个地球"

仅仅是在一些特点上与地球接近的行星，它们到底是否具有人类宜居的环境，目前均无法证明。不过，这些系外行星的发现为人类的未来提供了希望。

要想把这个希望变成现实，首先，人类必须找到另一个人类能够居住而且能够到达的星球；其次，人类必须要有能力完成大规模太空迁徙；最后，人类必须能够找到在另一个星球繁衍生息的方法。而这一切的前提都是科学技术的发展。

图31.4　离地球40光年的系外行星

　　总之，寻找到另一个"地球"是一个漫长的过程。尽管已经发现的系外行星越来越多，但是我们还不具备真正了解它们的能力，更无法踏足它们。在另一个地球安家需要一代又一代人的努力。在此之前，我们必须保护好我们的地球，不让它在我们找到新的家园之前受伤，为我们人类未来的太空迁徙争取足够的时间。

第32节　开天辟地与膨胀的宇宙

在前面的学习中，我们陆续认识了一些天体和天体系统，而它们仅仅是宇宙很小的一部分。

太阳系不是很大吗？银河系就更大了！为什么说它们只是宇宙很小的一部分呢？

在我们所能观测到的宇宙中，像银河系这样的天体系统有很多，何况还有很多我们无法观测到的物质存在。

我们已经知道银河系中有数千亿颗恒星，而宇宙中像银河系这样的星系也有数千亿到数万亿个，而且，可观测的天体还不足宇宙质量的5%，我们对宇宙的认识非常有限。

尽管探索宇宙是非常困难的事情，但是自古以来，人们就渴望认识宇宙以及它的过去和未来，我国广为流传的"盘古开天辟地"的故事，就反映了我国古代人们对宇宙诞生、发展过程的想象。

在故事中，盘古诞生在一个黑暗、狭小的像鸡蛋一样的空间里，那里的物质处于一种混在一起、无法区分的状态，叫作混沌状态。后来盘古醒了，用神斧劈开了这个蛋，并且努力将两部分分开，于是有了天地之分。盘古一天天长高，天地一天天远离，直到天地完全分开不能重新聚合在一起，盘古才倒下，化为万物，创造了这个世界。

图32.1　盘古开天辟地

盘古当然是虚构出来的，但是，它反映了古人探求宇宙形成原因和发展的渴望。那么，科学家们是怎样看待宇宙诞生的问题呢？

中国古代科学家也认为早期的宇宙处于混沌状态，后来才逐渐有了天、地、人的划分。

天文学家哈勃在1929年对24个星系进行了深入的观察和研究，他发现这些星系在朝远离我们的方向奔去，即所谓的退行。而且，哈勃发现这些星系退行的速度与它们的距离成正比。也就是说，离我们越远的星系，其退行速度越快。

图 32.2　美国天文学家埃德温·哈勃

为了理解星系之间的相互远离，我们可以进行下面的模拟实验。

实验材料：

气球 1 个、水彩笔 1 支、皮尺 1 把

实验方法：

1. 用水彩笔在气球上标出 A、B、C 三个点，用皮尺测量它们之间的距离并记录下来。

2. 缓缓向气球内吹气，观察每两个点之间的距离变化。

图32.3　观察气球上A、B、C三个点距离的变化

3. 把气球嘴系好，用皮尺测量点与点之间距离的变化，并记录下来。

表32.1　点与点之间的距离变化记录

	点A—B	点A—C	点B—C
吹气前距离			
吹气后距离			

实验分析：

比较表32.1中的数据可以发现，膨胀的气球上所有点之间的距离都在相互远离。

实验结论：

因为我们观察到的星系之间的距离都在相互远离，通过这个模拟实验可以推测，我们观测到的宇宙是在膨胀中的。

关于宇宙形成的最有影响的一种学说是大爆炸理论。这个理论诞生于20世纪20年代，继而在40年代得到补充和发展，但一直寂寂无闻。20世纪40年代美国天体物理学家伽莫夫等人正式提出了宇宙大爆炸理论。该理论认为，宇宙在遥远的过去曾处于一种极度高温和极大密度的状态，这种状态被形象地称为"原始火球"。所谓原始火球也就是一个体积无限小的点，是宇宙的起源。这个点突然发生爆炸，开始扩张、膨胀，在接下来的几十亿年中体积一直在增长，空间密度逐渐变稀，温度也逐渐降低，如今这个膨胀区就是我们的宇宙。科学家认为现在的宇宙仍会继续扩大，朝着"无限大"发展，不过也有可能当宇宙爆炸的能量散发到极限的时候，宇宙又会开始缩小，变成一个原始火焰即无限小的点。这个理论能说明河外天体的谱线红移现象，也能圆满地解释许多天体物理学问题。不过直到20世纪50年代，人们才开始广泛关注这个理论。

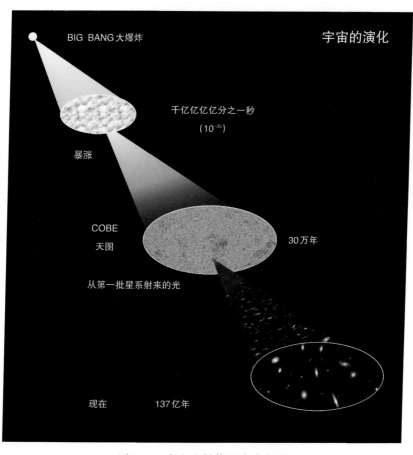

图32.4　宇宙大爆炸理论演化图

比较盘古开天辟地的故事和大爆炸理论，我们会发现它们有相似之处，比如宇宙最初都是混沌状态、宇宙在不断膨胀、物质是后期分化出来的，等等，不得不佩服古人的智慧。

　　大爆炸理论只是目前人们比较认可的一种关于宇宙诞生的理论，它是否正确还有待于进一步证明。关于宇宙，人们有太多说不清的问题，比如宇宙是会继续膨胀下去，无休无止，还是会在一定的阶段开始收缩，又回到它的初始状态？是否存在平行宇宙或宇宙是否存在着无限循环等。虽然现在我们无法回答这些问题，但是相信通过人们的不断努力，一定会揭示更多的宇宙奥秘。

附表：　　　　　　　　　　　　**梅西耶天体表**

编号	NGC	赤经（2000）	赤纬（2000）	视大小/′	视星等	星座	类型或名称	距地距离（光年）
M 1	1952	05 34.5	+22 01	6×4	8.4	金牛座	蟹状星云	7200
M 2	7089	21 33.5	− 00 49	13	6.5	宝瓶座	球状星团	36900
M 3	5272	13 42.5	+28 23	16	6.4	猎犬座	球状星团	32200
M 4	6121	16 23.6	− 26 32	36	5.6	天蝎座	球状星团	7100
M 5	5904	15 18.6	+02 05	23	5.6	巨蛇座	球状星团	25000
M 6	6405	17 40.1	− 32 13	15	4.2	天蝎座	疏散星团	1900
M 7	6475	17 53.9	− 34 49	80	3.3	天蝎座	疏散星团	800
M 8	6523	18 03.8	− 24 23	90×40	5.8	人马座	礁湖星云	3900
M 9	6333	17 19.2	− 18 31	9	7.9	蛇夫座	球状星团	26000
M 10	6254	16 57.1	− 04 06	15	6.6	蛇夫座	球状星团	14700
M 11	6705	18 51.1	− 06 16	14	5.8	盾牌座	疏散星团	5540
M 12	6218	16 47.2	− 01 57	15	6.6	蛇夫座	球状星团	18200
M 13	6205	16 41.7	+36 28	17	5.9	武仙座	球状星团	23500
M 14	6402	17 37.6	− 03 15	12	7.6	蛇夫座	球状星团	35100
M 15	7078	21 30.0	+12 10	12	5.4	飞马座	球状星团	31100
M 16	6611	18 18.8	− 13 47	35	6	巨蛇座	老鹰星云	5490
M 17	6618	18 20.8	− 16 11	46×37	7	人马座	Ω星云	4200
M 18	6613	18 19.9	− 17 08	9	6.9	人马座	疏散星团	6300
M 19	6273	17 02.6	− 26 16	14	7.2	蛇夫座	球状星团	22000
M 20	6514	18 02.3	− 23 02	29×27	6.3	人马座	三叶星云	5600
M 21	6531	18 04.6	− 22 30	13	5.9	人马座	疏散星团	4350
M 22	6656	18 36.4	− 23 54	24	5.1	人马座	球状星团	10300
M 23	6494	17 56.8	− 19 01	27	5.5	人马座	疏散星团	4500
M 24	6603	18 18.4	− 18 25	90	4.5	人马座	疏散星团	16000
M 25	4725	18 31.6	− 19 15	32	4.6	人马座	疏散星团	2000
M 26	6694	18 45.2	− 09 24	15	8	盾牌座	疏散星团	4900
M 27	6853	19 59.6	+22 43	8×4	8.1	狐狸座	哑铃星云	820
M 28	6626	18 24.5	− 24 52	11	6.9	人马座	球状星团	15000

编号	NGC	赤经 (2000)	赤纬 (2000)	视大小/′	视星等	星座	类型或 名称	距地距离 (光年)
M 29	6913	20 23.9	+38 32	7	6.6	天鹅座	疏散星团	3000
M 30	7099	21 40.4	− 23 11	11	7.5	摩羯座	球状星团	41000
M 31	224	00 42.7	+41 16	178×63	3.4	仙女座	仙女座 大星云	2300000
M 32	221	00 42.7	+40 52	8×6	8.2	仙女座	椭圆星系	2300000
M 33	598	01 33.9	+30 39	62×39	5.7	三角座	旋涡星系	2500000
M 34	1039	02 42.0	+42 47	35	5.2	英仙座	疏散星团	1390
M 35	2168	06 08.9	+24 20	28	5.1	双子座	疏散星团	2600
M 36	1960	05 36.1	34 08	12	6	御夫座	疏散星团	4110
M 37	2099	05 52.4	− 32 33	24	5.6	御夫座	疏散星团	4170
M 38	1912	05 28.7	+35 50	21	6.4	御夫座	疏散星团	4610
M 39	7092	21 32.2	+48 26	32	4.6	天鹅座	疏散星团	864
M 40		12 22.4	+58 05	/	8.4			
M 41	2287	06 47.0	− 20 44	38	4.5	大犬座	疏散星团	2500
M 42	1976	05 35.4	− 05 27	66×60	4	猎户座	猎户座 大星云	1500
M 43	1982	05 35.6	− 05 16	20×15	9	猎户座	弥漫星云	1500
M 44	2632	08 40.1	+19 59	95	3.1	巨蟹座	鬼星团	520
M 45		03 47.0	+24 07	110	1.2	金牛座	昴星团	410
M 46	2437	07 41.8	− 14 49	27	6.1	船尾座	疏散星团	6000
M 47	2422	07 36.6	− 14 30	30	4.4	船尾座	疏散星团	1800
M 48	2548	08 13.8	− 05 48	54	5.8	长蛇座	疏散星团	1500
M 49	4472	12 29.8	+08 00	9×7	8.4	室女座	椭圆星系	5900
M 50	2323	07 03.2	+08 20	16	5.9	麒麟座	疏散星团	2600
M 51	5194	13 29.9	+47 12	11×8	8.8	猎犬座	旋涡星系	2100
M 52	7654	23 24.2	+61 35	13	6.9	仙后座	疏散星团	3800
M 53	5024	13 12.9	+18 10	13	7.7	后发座	球状星团	56400
M 54	6715	18 55.1	− 30 29	9	7.7	人马座	球状星团	49000
M 55	6809	19 40.0	− 30 58	19	7	人马座	球状星团	19000

编号	NGC	赤经（2000）	赤纬（2000）	视大小/′	视星等	星座	类型或名称	距地距离（光年）
M 56	6779	19 16.6	+30 11	7	8.2	天琴座	球状星团	33000
M 57	6720	18 53.6	+33 02	1	9	天琴座	环状星云	2300
M 58	4579	12 37.7	+11 49	5×4	9.8	室女座	旋涡星系	41000000
M 59	4621	12 42.0	+11 39	5×3	9.8	室女座	椭圆星系	41000000
M 60	4649	12 43.7	+11 33	7×6	8.8	室女座	椭圆星系	59000000
M 61	4303	12 21.9	+4 28	6×6	6.6	室女座	旋涡星系	41000000
M 62	6266	17 01.2	+30 07	14	8.8	蛇夫座	球状星团	20600
M 63	5055	13 15.8	正43 33	12×8	8.6	猎犬座	旋涡星系	24000000
M 64	4826	12 56.7	正21 41	9×5	9.4	后发座	睡美人星系	15000000
M 65	3623	11 18.9	正13 06	8×2	9.9	狮子座	旋涡星系	27000000
M 66	3672	11 20.2	正12 59	8×2.5	8.9	狮子座	旋涡星系	27000000
M 67	2628	08 51.3	正11 48	17	6.9	巨蟹座	疏散星团	2710
M 68	4590	12 39.5	负26 45	10	7.8	长蛇座	球状星团	31400
M 69	6637	18 31.4	负32 21	3	7.5	人马座	球状星团	24000
M 70	6681	18 43.2	负32 17	3	7.5	人马座	球状星团	65000
M 71	6838	19 53.8	正18 47	7.2	8.2	天箭座	疏散星团	13300
M 72	6981	20 53.5	负12 32	6.6	9.3	宝瓶座	球状星团	59000
M 73	6994	20 59.8	负12 38	2.8	8	宝瓶座	疏散星团	/
M 74	628	01 36.7	正15 47	10.2 ×9.5	9.4	双鱼座	旋涡星云	37000000
M 75	6864	20 06.1	负21 55	6.8	8.5	人马座	球状星团	78000
M 76	651	01 42.4	正53 34	2.6×1.5	12.2	英仙座	行星状星云	8000
M 77	1068	02 42.7	负00 01	7×6	9.5	鲸鱼座	塞佛特星系	47000000
M 78	2068	05 46.7	正00 04	8×6	/	猎户座	反射星团	1600
M 79	1904	05 24.2	正24 31	4	8.1	天兔座	球状星团	43000
M 80	6093	16 17.1	正22 59	4	6.8	巨蟹座	球状星团	37000
M 81	3031	09 55.8	正60 04	26×14	7.8	大熊座	旋涡星云	14000000
M 82	3034	09 56.2	正69 24	11×5	9.3	大熊座	不规则星系	14000000
M 83	5236	13 37.7	负29 32	11×10	8.2	长蛇座	棒旋星系	16000000

编号	NGC	赤经 (2000)	赤纬 (2000)	视大小/′	视星等	星座	类型或 名称	距地距离 (光年)
M 84	4374	12 25.1	正12 53	5×5	10.3	室女座	椭圆星系	41000000
M 85	4382	12 25.4	正18 11	7×4	9.9	后发座	椭圆星系	41000000
M 86	4406	12 26.2	正12 57	8×7	9.9	室女座	椭圆星系	20000000
M 87	4486	12 30.8	正12 23	7×7	9.6	室女座	椭圆星系	59000000
M 88	4501	12 32.0	正14 25	8×4	10	后发座	旋涡星云	41000000
M 89	4552	12 35.7	正12 33	2×2	9.5	室女座	椭圆星系	41000000
M 90	4569	12 36.8	正13 10	8×2	10	室女座	旋涡星云	41000000
M 91	4584	12 35.4	正14 30	3×2	11.6	后发座	棒旋星系	41000000
M 92	6341	17 17.1	正43 08	12	6.9	武仙座	球状星团	25500
M 93	2447	07 44.6	负23 53	25	6	船尾座	疏散星团	3600
M 94	4736	12 50.9	正41 07	11×9	8.9	猎犬座	旋涡星云	16000000
M 95	3351	10 44.0	正11 42	6×6	10.4	狮子座	棒旋星系	29000000
M 96	3368	10 46.8	正11 49	7×4	9.9	狮子座	旋涡星云	29000000
M 97	3587	11 14.9	正55 01	3.4×3.3	12	大熊座	夜枭星云	1800
M 98	4192	12 13.8	正14 54	10×3	10.5	后发座	旋涡星云	36000000
M 99	4254	12 18.8	正14 25	5×5	10.2	后发座	旋涡星云	41000000
M 100	4321	12 22.9	正15 49	7×6	9.9	后发座	旋涡星云	41000000
M 101	5457	14 03.2	正54 21	27×26	8.2	大熊座	旋涡星云	19000000
M 102	5866	15 06.5	正55 46	5×2	11	天龙座	旋涡星云	/
M 104	4594	12 40.0	负11 37	9×4	9.3	室女座	旋涡星云	46000000
M 105	3379	10 47.9	正12 35	2×2	9.2	狮子座	椭圆星系	30000000
M 106	4258	12 19.0	正47 18	18×8	9	猎犬座	旋涡星云	21000000
M 107	6171	16 32.5	负13 03	3	8.9	蛇夫座	球状星团	19800
M 108	3556	11 11.6	正55 40	8×2	10.4	大熊座	旋涡星云	23000000
M 109	3992	11 57.6	正53 22	7×5	10.5	大熊座	棒旋星系	27000000
M 110	205	00 40.3	正41 41	17×10	8.9	仙女座	椭圆星系	2300000

致　谢

李重庵　付　林　朱　进　张国际

李　鉴　马　迎　关　超　朱森林

苏　晨　郭晶语　张益铭　关　茵

北京天文馆《天文爱好者》杂志社

辽宁少年儿童出版社有限责任公司

主办："大手拉小手"关爱儿童公益平台

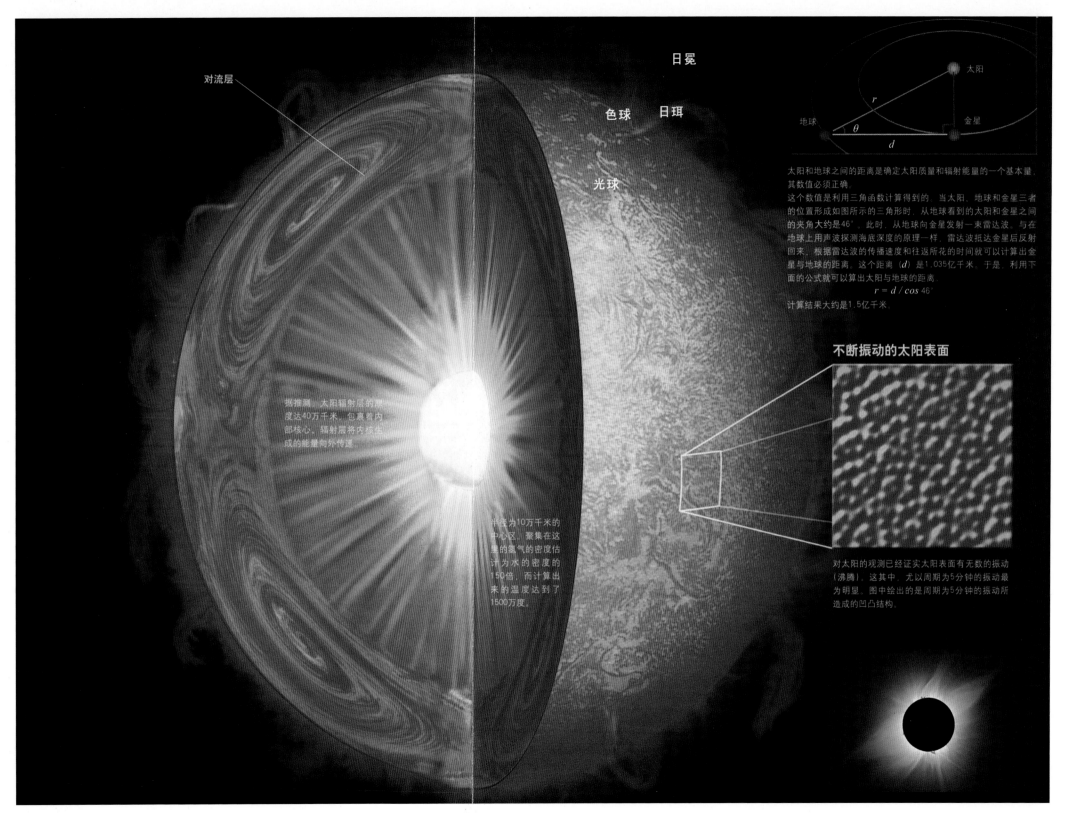

对流层

日冕

色球　日珥

光球

太阳和地球之间的距离是确定太阳质量和辐射能量的一个基本量，其数值必须正确。

这个数值是利用三角函数计算得到的。当太阳、地球和金星三者的位置形成如图所示的三角形时，从地球看到的太阳和金星之间的夹角大约是46°。此时，从地球向金星发射一束雷达波，与在地球上用声波探测海底深度的原理一样，雷达波抵达金星后反射回来，根据雷达波的传播速度和往返所花的时间就可以计算出金星与地球的距离。这个距离（d）是1.035亿千米。于是，利用下面的公式就可以算出太阳与地球的距离。

$$r = d / \cos 46°$$

计算结果大约是1.5亿千米。

不断振动的太阳表面

对太阳的观测已经证实太阳表面有无数的振动（沸腾），这其中，尤以周期为5分钟的振动最为明显。图中绘出的是周期为5分钟的振动所造成的凹凸结构。

据推测，太阳辐射层的厚度达40万千米，包裹着内部核心。辐射层将内核生成的能量向外传递。

半径为10万千米的中心区，聚集在这里的氢气的密度估计为水的密度的150倍，而计算出来的温度达到了1500万度。

太阳结构图

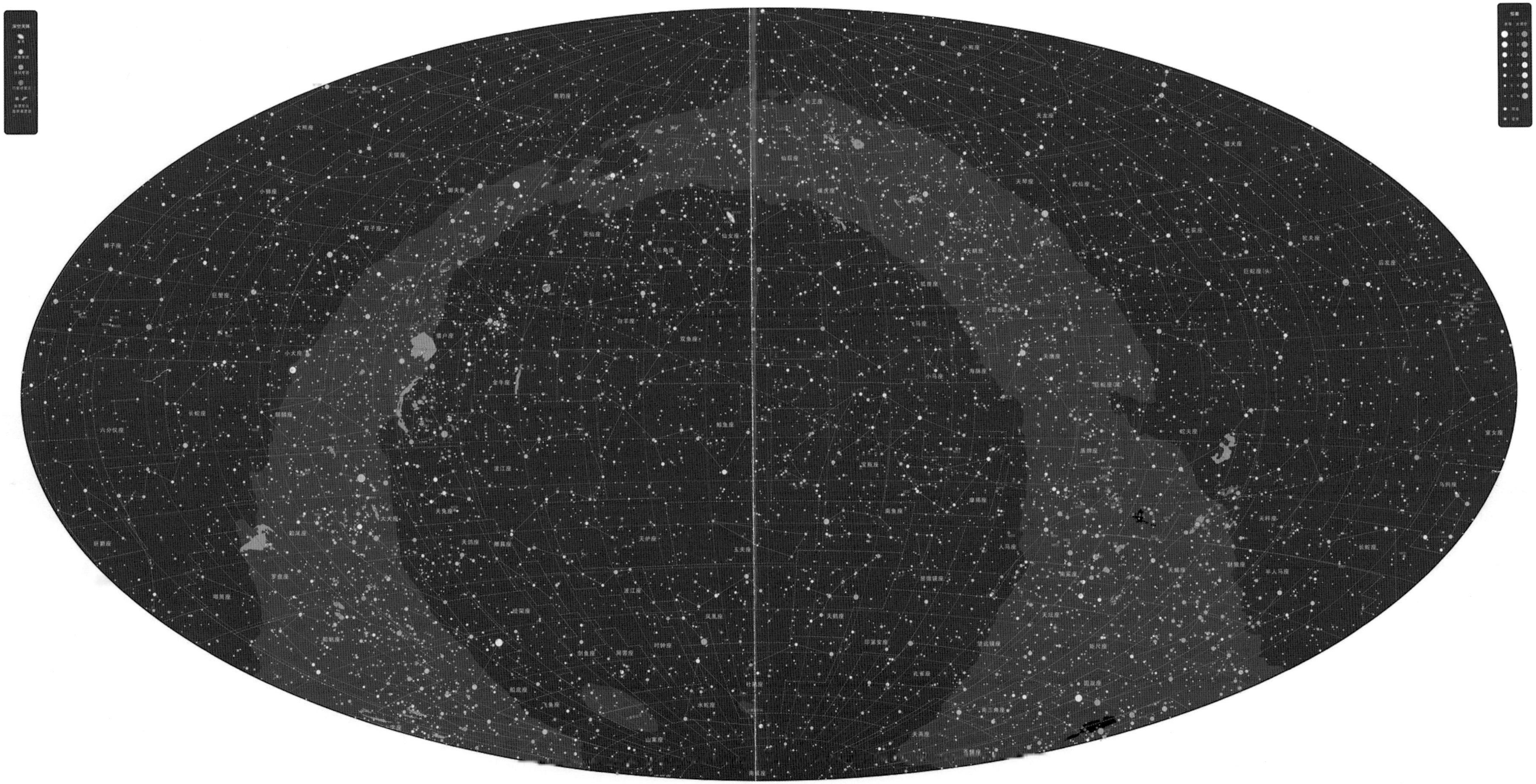

全天星图（曹　军 绘制）

星　等

0等　1等　2等　3等　4等　5等及以下

光谱型

O型　B型　A型　F型　G型　K型　M型

中国古代星官图